林珍 编著

U0561800

好心态

— 是这样培养出来的 —

　　成才，不仅需要健康的体魄和聪明才智，更需要一个良好的心态。好心态是孩子们走向成功的必备素质，有时比智慧还重要！本书就如何培养青少年拥一个积极向上的好心态提出了一些具体的建议和方法。

中国出版集团
现代出版社

图书在版编目（CIP）数据

好心态是这样培养出来的 / 林珍编著 . — 北京：
现代出版社，2011.9（2025 年 1 月重印）
ISBN 978 - 7 - 5143 - 0312 - 4

Ⅰ．①好… Ⅱ．①林… Ⅲ．①成功心理 - 青年读物
②成功心理 - 少年读物 Ⅳ．①B848.4 - 49

中国版本图书馆 CIP 数据核字（2011）第 146287 号

好心态是这样培养出来的

编　　著	林　珍
责任编辑	张桂玲
出版发行	现代出版社
地　　址	北京市安定门外安华里 504 号
邮政编码	100011
电　　话	010 - 64267325　010 - 64245264（兼传真）
网　　址	www. 1980xd. com
电子信箱	xiandai@ vip. sina. com
印　　刷	三河市人民印务有限公司
开　　本	710mm×1000mm　1/16
印　　张	13
版　　次	2011 年 9 月第 1 版　2025 年 1 月第 9 次印刷
书　　号	ISBN 978 - 7 - 5143 - 0312 - 4
定　　价	49. 80 元

英国著名文豪狄更斯说过："一个健全的心态，比一百种智慧都更有力量。"这句不朽的名言告诉我们一个真理：有什么样的心态，就会有什么样的人生。人类几千年的文明史告诉我们，积极的心态能帮助我们获取健康、快乐和成功；而消极心态会使我们对生活和前途失去信心，使我们跌入生命的低谷。

我们常说要主宰自己的命运，但如果我们不能将躁动的心安顿下来、让浮华的心沉静下来、将脆弱的心坚强起来、让骄狂的心谦逊起来，就不能主宰自己的命运。

命运不是不可选择和主宰的，如果我们以自己的心灵为根本、以学习和成长为动机，积极追求快乐的生活，那么，命运就是可以选择的，也是可以主宰的。即使处境不利，面临困厄，我们也会寻找和创造自己所希望的生存状态，因为良好的心态可以战胜任何艰难、挫折和压力。

给予是一种快乐。平衡自己的心态，以补偿的心理超越自卑；以乐观的态度对待失败，渡过心情的低谷，消除心中的"毒瘤"，做自己心态的引导者；以体谅他人心态善待自己、善待他人，使自己达到快乐幸福的精神境界。

本书以轻松快乐的语言和通俗易懂的故事，和你一起探讨、认识和把握自己的心态，并指导你以积极的心态争取快乐和成功的人生。

　　相信你用心阅读和领悟了本书的内容后，你会懂得：没有你的同意，谁也不能让你感到自卑和苦恼。我们拥有积极的好心态，就会拥有一生的快乐和成功。

Contents
目 录

好心态是这样培养出来的

好心态是这样培养出来的

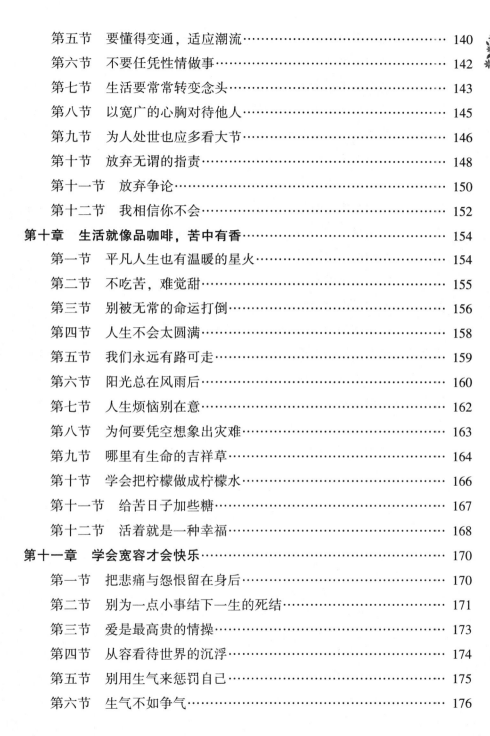

目录

好心态是这样培养出来的

第一章　做好你自己，喜欢自己

不要自己厌恶自己，如果自己都不喜欢自己，别人很难喜欢你；如果自己都不尊重自己，别人也不会尊重你。每一个人都是不同的，不要在攀比中否定自己，做好自己就是成功！

第一节　做好自己最重要

做自己，顺应自己的特性，才符合自身的快乐原则，才能让自己活得更加舒心。顺应自己的心智，是快乐的根本。

有一天，上帝闲来无事，突发奇想："假如让现在世界上每一位生存者再活一次，他们会怎样选择呢?"于是，上帝便给世界众生发了一份问卷，让大家填写。

答卷收回后，令上帝大吃一惊，请看他们各自的回答——

猫："假如让我再活一次，我要做只老鼠。我曾偷吃主人一条鱼，竟被他打个半死。老鼠呢，可以在厨房里翻箱倒柜，大吃大喝，人们对它也无可奈何。"

鼠："假如让我再活一次，我要做一只猫。吃皇粮，拿官饷，从生到死由主人供养，时不时还有我们的同类给自己送鱼送虾，很自在。"

猪："假如让我再活一次，我要当一头牛。生活虽然苦点，但名声好。我们似乎是傻瓜懒蛋的象征，连骂人也都要说'蠢猪'，最后长大了还得挨刀子。"

牛："假如让我再活一次，我愿做一头猪。我吃的是草，挤出的是奶，干的是力气活，有谁给我评过功、发过奖，做猪多快活，吃罢睡，睡了吃，肥头大耳，生活赛过神仙。就算长大了挨宰，那也是活得潇洒、死得痛快！"

鹰："假如让我再活一次，我愿做一只鸡，渴有水、饿有米、住有房，还受主人保护。我们呢，一年四季漂泊在外、风吹雨淋，还要时刻提防冷枪暗箭，活得多累呀！"

鸡："假如让我再活一次，我愿做一只鹰，可以翱翔蓝天，任意捕兔捉鸡，而我们除了下蛋、打鸣外，每天还胆战心惊，怕被捉被宰，惶惶不可终日。"

蛇："假如让我再活一次，我愿做一只青蛙，处处受人类保护。我们呢，走到哪里，都要遭人毒打，还要吃我们的肉，活着有啥意思！"

青蛙："假如让我再活一次，我愿意做一条蛇，人见人怕，都躲得远远的。我们呢，本来登不得大雅之堂，现在却被人们想着法子吃，宴会酒席、饭店餐馆处处可见。"

最有意思的是人的答卷：

男人一律填写为："假如让我再活一次，我要做一个女人，上电视、登报刊、做广告、印挂历，多风光。即使是一个无业青年，只要长得靓，一阵银铃般的笑声，一句嗲声嗲气的撒娇，一个朦胧的眼神，都能让那些正襟危坐的大款们神魂颠倒。"

女人的答卷一律填写为："假如让我再活一次，一定要做个男人，经常出入酒吧、餐馆、舞台，不做家务，还摆大男子主义，多潇洒！"

上帝看完，气不打一处来，"哧、哧"把所有的答卷全都撕得粉碎，厉声喝道："一切照旧！"

心态启示

> 如果再有一次生存机会，也许每个人都想做别人。但做好你自己，却是你无可回避的选择。

第二节　挖掘潜能贵于真正地认识自己

能否正确认识自己是个人做任何事都能成功的前提。不能真正地认识自己就无法挖掘自己的潜能，也就无法做好任何事情。

亭亭上高一的那个暑假，父亲和母亲特意送她去乡下外婆家过，命令她与外婆一家人一起干活，抽空完成暑假作业，并让她外婆一家严密监控。

之所以这样做是因为女儿越长越疲沓，也说不清是什么毛病，学习不好不坏，课外兴趣全无，在家除了睡懒觉之外就是犯"坐不稳也站不正，整个一只散了骨架的懒猫"的毛病。你也无从训斥，她一不顽皮二不犯错，该做的事都做了，只是形色无不疲沓不堪。

这样下去，父母望女成凤的心愿就泡汤了。两人苦思冥想，想到可能是这家境太富足太舒适了，虽也训教严管，毕竟温室难寒，女儿仍是浸泡于尖端高档的绵软香甜之中，加之生性憨淡，搏击风雨建功塑奇的心志便无从产生了。于是，父母狠下心来，让她去老家乡下，在黄土里滚一滚，希望能有奇迹出现。

暑假结束，亭亭回来后，父亲和母亲见后便苦笑摇头。

她依旧是白白胖胖，脸没晒黑，手无茧泡，秀发丽裳依然一尘未染。她外婆家没忍心让她受"三夏"之苦，她只是到乡下"避暑"去了，整日闲吃猛睡。身心如旧不急不争，看来，她考大学是没希望了。不料女儿却笑说了一句："放心吧，我知道了！"接下来，父母吃惊不小。

亭亭全变了，首先是神态。从前，她老是一副睡不醒的样儿，好像天塌地陷也与她无关，如今两只大眼灵动有光，看书做作业时有一股前所未有的龙虎之气，且咬唇凝眉，如同面临大战的必胜将军。连手脚动作也变了，那种疲懒状态一丝无存，显出胸有大志的快捷与干脆，有声有色、虎虎生风。

于是，她那小屋也不适应新生的她了。放学回来，她开始清理整顿，该扔的扔，该换的换，该归顺的归顺，桌上、床上、地上、墙上……有喜有惑的父母进去，笑着要帮女儿的忙，亭亭一脸严肃地推他们出屋，而后大声说："别帮倒忙！今后我自己的事情自己来！""自己来"这三个字透露了女儿的觉悟，只是这悟从何而来还是个谜。

父母觉得，从前真是小看女儿的"自己"了，或者说是一直没有能力启发、挖掘、引导女儿的"自己"。亭亭这一变，父母就只有跟在后面或站在一边观望吃惊的份儿了。她发狠拼搏奋起直追，终于从中不溜儿跃入前三名；她全面发展，第二年全省中学生体运会，她一举获得长跑、跳马、标枪三项冠军；她连续两届拿回"奥林匹克"数学大赛的头名大奖，成了名副其实的"校花"。

同样有困惑的老师来家"求经"了，希望父母能讲出几条家教的经验——亭亭是怎样转变成优等生的？父亲的回答是："我真的不知道！"母亲猜到了一点："大概是去了她外婆家一趟吧。"

后来，亭亭考上了名牌大学。亭亭在来信中才揭开了谜底——原来真是在外婆家，有一天，她不小心掉进外婆家后院的一个塌陷多年的菜窖里，很深。她不好意思呼救，又爬不上来，就只有哭。

天黑了，恐惧和怒气终于使她拼命了，她手刨脚蹬，一次次失败，挣扎……最后，她愣是用自己的双手在窖壁上抠出了几十个脚台，两手血一身泥地爬了上来。此时，外婆一家正在发疯一样找她，已有所悟的她笑说："我救我自己呢……"

心态启示

能否正确认识自己是一个人做任何事都能成功的前提。所以，在做任何事情之前，一定要认清自己的实力，明白自己的能力，只有这样才能做好每一件事。

第三节　做真正的自己真好

做真正的自己，还自己的本来面目，自己才能得到快乐，别人也才会接受你。或许你觉得自己一无是处，然而，你能生存在这个世界上就是你最大的资本。

一对孪生兄弟因为逃难而失散，多年后重逢，然而两个人的生活已经发生了巨大的变化。个性活泼的哥哥在饥寒交迫下投身寺院当了和尚，个性安静的弟弟则在机缘巧合下娶了妻子生了儿女。

但是兄弟俩过得极不快乐：哥哥羡慕弟弟娶妻生子，享尽家庭温馨；弟弟羡慕哥哥皈依佛门，远离尘世纷扰。

一天，兄弟俩相约在半山腰的小凉亭闲谈。正要离开时，发生了山崩。慌乱中他们躲进了一个小山洞，这才幸免于难。半夜时分，哥哥怕弟弟着凉，于是脱下僧衣给弟弟盖上；清晨，弟弟感激哥哥的照顾，脱下了自己的上衣给哥哥盖上。

几天后，兄弟俩获救了。但哥哥被送回了弟弟家，弟弟被送回了寺院。他们将错就错地住下了，体会到自己向往的生活。哥哥为了衣食拼命干活，累得半死也撑不起家庭温饱，丝毫享受不到家庭生活的温馨；弟弟为了准时撞钟、诵早课、和衣而睡、彻夜未眠，半点也感受不到出家生活的悠然。

兄弟俩在疲惫不堪的状况下恢复了各自的身份，这才发觉，还是做自己最好。

一个唱片公司倾全力塑造一位年轻的偶像男歌星，除了进行长期歌唱技巧训练之外，还安排了服装仪容训练、说话技巧训练，希望能够让这位新人一炮而红。

长期训练下来，新人果然脱离了他的青涩，上电视节目做宣传时说起话来头头是道，可圈可点，不亚于主持人。服装仪容更是光彩夺目，看不出丝毫的瑕疵。但是没想到努力了2年，耗费许多成本，却不见新人成为偶像。

唱片公司老板百思不得其解，于是请了一位造型高手来重新为他塑造新的形象。高手一出手，情况就不同了，短短几个月，新人就红遍了各地。

高手到底是用了什么特殊训练，让新人翻了身？

说穿了，高手不但没有再训练，反而停止了一些塑型课程，衣着也简单了。他尽量舍弃了新人的包装，他要求新人恢复大男孩原有的青涩模样，不要故作老成。新人去除了包装，在舞台上有时结结巴巴，遇到敏感的问题还会脸红的模样，让歌迷们心疼怜惜，说起话来欲言又止的模样更是让歌迷们心动。

造型高手出招，看不出有什么招式，却塑造了一个最美的造型。

心态启示

> 不要自己厌恶自己，如果自己都不喜欢自己，别人会喜欢你吗？也不要总是羡慕别人的生活，我们看到的仅是他们得意时的情景，而他们失意时的情景与自己没有什么不同。我们应该大声说：做真正的自己真好！

第四节　学会享受朴素的快乐

人生就如同一条绵延的小路，永远不要希望一眼望穿，那不是真实，也不现实，一路哼歌，看看四周变换的风景，也不失为一种朴素的快乐。

有一天，上帝来到人间，遇到一个智者，正在钻研人生的问题。上帝敲了敲门，走到智者的跟前说："我也为人生感到困惑，我们能一起探讨探讨吗？"

智者毕竟是智者，他虽然没有猜到面前这个老者就是上帝，但也能猜到绝不是一般的人物。他正要问您是谁，上帝说："我们只是探讨些问题，完了我就走了，没有必要说一些其他的问题。"

智者说："我越是研究，就越是觉得人类是一种奇怪的动物。他们有时候非常理智，有时候却非常的不明智，而且往往在大的方面迷失了理智。"

上帝感慨地说："这个我也有同感。他们厌倦童年的美好时光，急着成熟，但长大了，又渴望返老还童；他们健康的时候，不知道珍惜健康，往往牺牲健康来换取财富，然后又牺牲财富来换取健康；他们对未来充满焦虑，但却往往忽略现在，结果既没有生活在现在，又没有生活在未来之中；他们活着的时候好像永远不会死去，但死去以后又好像从没活过，还说人生如梦……"

智者对上帝的论述感到非常的精辟，他说："研究人生的问题，很是耗费时间的。您怎么利用时间呢？"

"是吗？我的时间是永恒的。对了，我觉得人一旦对时间有了真正透彻的理解，也就真正弄懂了人生了。因为时间包含着机遇，包含着规律，包含着人间的一切，比如新生的生命、没落的尘埃、经验和智慧等等人生至关重要的东西。"

智者静静地听上帝说着，然后，他要求上帝对人生提出自己的忠告。

上帝从衣袖中拿出一本厚厚的书，上边却只有这么几行字：

人啊！你应该知道，你不可能取悦于所有的人；

最重要的不是去拥有什么东西，而是去做什么样的人和拥有什么样的朋友；

富有并不在于拥有最多，而在于贪欲最少；

在所爱的人身上造成深度创伤只要几秒钟，但是治疗它却要很长很长的时光；

有人会深深的爱着你，但却不知道如何表达；

金钱唯一不能买到的，却是最宝贵的，那便是幸福；

宽恕别人和得到别人的宽恕还是不够的，你也应当宽恕自己；

你所爱的，往往是一朵玫瑰，并不是非要极力地把它的刺根除掉；

你能做得最好的，就是不要被它的刺刺伤，自己也不要伤害到心爱的人；

尤其重要的是很多事情错过了就没有了，错过了就是会变的。

智者看完了这些文字，激动地说："只有上帝，才能……"抬头一看，上帝已经走得没影没踪了，只是周围还飘着一句话："对每个生命来说，最最重要的便是：只有自己才是自己的上帝。"

心态启示

> 其实对万物都不要寄予太高的期望，谁也无法保证它不是空中楼阁，唯有在过程中寻找快乐。

第五节　世界上最好的东西

世界上最好的东西，就是当一个人失去时，发了疯要将它找回来的那种东西。许多时候，人们总是对那些不曾拥有的东西趋之若鹜，而忽略了享受当下的幸福。

有一个青年得了一种怪病：终日闷闷不乐。一天，他去拜见一位智者以讨求良方。智者说，只有世界上最好的东西才能使你快乐。这个人看了看身边，他没有发现自己认为的世界上最好的东西，于是，他决定去寻找世界上最好的东西。

他收拾好行装，辞别了妻儿老小，踏上了漫漫征途。

第一天，他遇见了一位政客。他问："先生，您知道世界上最好的东西是什么吗？"政客官腔十足地说："世界上最好的东西嘛，是至高无上的权力。"他想了想，觉得权力对自己并没有多大的诱惑力。于是，他又去寻找。

第二天，他遇到了一个乞丐。他问："你知道世界上最好的东西是什么吗？"乞丐眯着眼睛，懒洋洋地说："最好的东西？就是色香味俱全的美味佳肴呀。"他想了想，自己对食物并没有太多的渴望，所以他也不认为那是世界上最好的东西。

第三天，他遇见了一个女人。他问："你知道世界上最好的东西是什么吗？"女人兴高采烈地脱口而出："当然是法国巴黎的高档、漂亮的时装了！"他觉得自己对时装也不感兴趣。

第四天，他遇见了一位重病的人。他问："你知道世界上最好的东西是什么吗？"病人恹恹地说："那还用问吗？是健康的体魄。"这个人想，健康怎么会是最好的东西呢？我每天都拥有，但是我不认为它就是世界上最好的东西。

第五天，他遇见了一个在阳光下玩耍的儿童。他问："你知道世界上最好的东西是什么吗？"儿童天真地说："是好多好多的玩具啊。"这个人摇了摇头，继续去寻找世界上最好的东西。

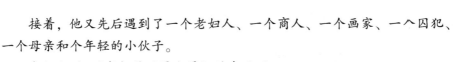

接着，他又先后遇到了一个老妇人、一个商人、一个画家、一个囚犯、一个母亲和个年轻的小伙子。

老妇人说："年轻是世界上最好的东西。"

商人说："利润是世界上最好的东西。"

画家说："色彩是世界上最好的东西。"

囚犯说："自由自在是世界上最好的东西。"

母亲说："我的宝贝孩子是世界上最好的东西。"

年轻的小伙子说："我爱过一个姑娘，她脸上那灿烂的笑容是世界上最好的东西。"

唉！没有一个回答令他满意。他继续走啊走啊。最后，他穿过川流不息、熙熙攘攘的人群，带着五花八门的"答案"又回到了智者那里。

智者见他回来了，似乎知道了他的遭遇和失望。于是，他捋着花白的胡须说："先不要去追究你的问题，它永远不会有一个确切而唯一的答案。你现在考虑这样一个问题——把你最喜欢的东西和情景找出来，告诉我。"

这个人经过长途跋涉，已是饥寒交迫、蓬头垢面。他想了一会儿，对智者说："我出门很多天了，我想念我亲爱的妻子和可爱的孩子，想念家人冬夜里围着火炉谈笑聊天的情景……"说到这里，他不由得感叹，"那是我现在最喜欢的图画啊！"

智者拍了拍他的肩膀，说："回去吧，你最好的东西就在你的家里，它们可以使你快乐起来。"

这个人不甘心，疑惑地问："可我就是从那里走出来的啊?！"

智者笑了，说："你出来之前，不知道自己喜欢什么东西；你出来之后——比如现在，你已经知道了自己喜欢什么样的东西了。"

心态启示

> 说到底，自己认为最好的东西就是自己最喜欢的东西，它来自于一个人的心底。

第六节　奇迹在于永不放弃希望

希望是人们对美好生活的向往，一个人只有在有了向往和追求以后，心中的信念才会生根、发芽、开花、结果，才会在任何艰难困苦中前进。

阳光的温暖不会放弃任何一个微弱的生命，她总给人带来光明和希望！

有一个女孩对足球十分痴迷，一个偶然机会，她被父亲送到了体校学踢足球。

在体校，女孩并不是个很出色的球员，因为此前她并没有受过规范的训练，踢球的动作、感觉都比不上先入校的队友。女孩上场训练踢球时常常受到队友们的奚落，说她是"野路子"球员，女孩为此情绪一度很低落。

每个队员踢足球的目标就是进职业队打上主力。这时，职业队也经常去体校挑选后备力量，每次选人，女孩都卖力地踢球，然而终场哨响，女孩总是没有被选中，而她的队友已经有不少陆续进了职业队，没选中的也有人悄悄离队。

于是，平时训练最刻苦、认真的女孩便去找一直对她赞赏有加的教练，教练总是很委婉地说："名额不够，下一次就是你。"

天真的女孩似乎看到了希望，又树立了信心，努力地接着练了下去。一年之后，女孩仍没有被选上，她实在没有信心再练下去，她认为自己虽然在球场上的意识不错，但个头儿太矮，又是半路出家，再加上每次选人时，她都迫切希望被选中，因此上场后就显得紧张，导致平时训练水平发挥不出来。她为自己在足球道路上黯淡的前程感到迷茫，就有了离开体校的打算。

这天，她没去参加训练，而是告诉教练说："看来我真的不适合踢足球，我想读书，想考大学。"

教练见女孩去意已决，默默地看着她，什么也没说。然而，第二天女孩却收到了职业队的录取通知书。她激动不已，马上就去球队报了到。其实，她骨子里还是喜欢足球。

女孩很高兴地跑去找教练，她发现教练的眼中同她一样闪烁着喜悦的光芒。教练这次开口说话了："孩子，以前我总说下一次就是你，其实那句话不是真的，我是不想打击你而告诉你说你的球艺还不精，我是希望你一直努力下去啊!"女孩一下子什么都明白了。

在职业队受到良好系统实战训练后女孩充满信心,她很快便脱颖而出。这个小女孩就是获得20世纪世界最佳女子足球运动员的中国球星孙雯。

后来,孙雯讲述这段往事时,感慨地说:"一个人在人生低谷中徘徊,感觉自己支持不下去的时候,其实就是黎明的前夜,只要你心中总是充满希望,坚持一下,再坚持一下,前面肯定是一道亮丽的彩虹。"

心态启示

> 奇迹往往出现在再坚持一下的努力中,只要心存希望,就不要轻言放弃。

第七节 只要不放弃希望,奇迹就会出现

希望是人们对美好生活的向往,一个人只有在有了向往和追求以后,心中的信念才会生根、发芽、开花、结果,才会在任何艰难困苦中前进。

美国的新泽西州的阿坦布尔小镇的一所小学突然发生了火灾,造成一间教室倒塌,上自习的10名学生全部都被压在了里面。

闻讯而来的学生家长们面对这突如其来的灾难,哭天喊地,急得围着倒塌的教室团团转。消防队也赶来了,但他们认为这10个学生可能已没有生还的希望了。但是一个学生的父亲并不这样想,一个声音一直在他心中响着:"儿子不会有事的,儿子不会有事的……"

大部分家长都认为孩子已经没有生还的希望,悲伤地哭泣,但这位父亲却帮助消防队员清理瓦砾。突然,他听到从没有倒塌的唯一的墙壁下面传来了微弱的声音:"爸爸,我们在这里,我们还活着。"

这位父亲迅速地跑到那里:"儿子,是你吗?"

"是的,我们10个人都在这里。地震的时候,我们钻到了堆在墙角的桌子下面。"

消防队员很快就清理出了个出口,父亲对儿子说:"儿子,出来吧。"

"先让我的同学们出去吧。"

学生一个接一个地钻了出来，终于全都出来了。父亲一把抱住最后出来的小男孩："儿子，我为你骄傲！"

儿子搂着父亲的脖子说："爸爸，在里面的时候，我一直在想你告诉我的那句话：'不管什么时候，都不要放弃希望。'。"

心态启示

> 希望给人以动力，给人以光明。只要每个人的心中都有希望，那么明天一定会更加辉煌。

第八节　自己才是自己的圣人

每一个人的一生都是自己的，走怎样的路都只能由自己决定，从没有什么圣人、高人可以帮你。

1947年，美孚石油公司董事长贝里奇到开普敦巡视工作。在卫生间里，他看到一位黑人小伙子正跪在地板上擦上面的水渍，并且每擦一下，都虔诚地叩一下头。贝里奇感到很奇怪，问他为何如此？黑人答，在感谢一位圣人。贝里奇问他为何要感谢那位圣人？黑人说，是他帮自己找到了这份工作，让他终于有了饭吃。

贝里奇笑了，说："我曾遇到一位圣人，他使我成了美孚石油公司的董事长，你愿意见他一下吗？"

黑人说："我是一位孤儿，从小靠锡克教会养大。我很想报答养育过我的人，这位圣人若使我吃饱之后，还有余钱，我愿去拜访他。"

贝里奇说："你一定知道，南非有一座很有名的山，叫大温特胡克山。据我所知，那上面住着一位圣人，能为人指点迷津，凡是能遇到他的人都会前程似锦。20年前，我去南非登上过那座山，正巧遇到他，并得到他的指点。假如你愿意去拜访，我可以向你的经理说情，批准你1个月的假期。"

这位年轻的黑人谢过贝里奇后就上路了。在30天的时间里，他一路披荆斩棘、风餐露宿、历尽艰辛，终于登上了白雪覆盖的大温特胡克山，他

好心态是这样培养出来的

在山顶徘徊了 1 天，除了自己，什么都没有遇到。

黑人小伙子很失望地回来了，他见到贝里奇后，说的第一句话是："董事长先生，一路上我处处留意，直至山顶，我发现，除了我之外，根本没有什么圣人。"

贝里奇："你说得很对，除你之外，根本没有什么圣人。"

20 年后，这位黑人小伙做了美孚公司开普敦分公司的总经理，他的名字叫贾姆讷。2000 年，世界经济论坛大会在上海召开，他作为美孚石油公司的代表参加了大会，在一次记者招待会上，针对他的传奇一生，他说了这么一句话："你发现自己的那一天，那就是你遇到圣人的时候。"

心态启示

> 善于发现自己、认识自己比什么都重要。

第九节　人生没有过不去的坎

凭着坚信的理念和梦想，在绝处寻找生机，而不是用死亡来拒绝面对的难题。

曾读过一则非常有意思的寓言：话说两条欢天喜地的河，从山上的源头出发，相约流向大海。它们各自分别经过了山林幽谷、翠绿草原，最后在隔着大海的一片荒漠前碰头，相对叹息。

若不顾一切往前奔流，它们必会被干涸的沙漠吸干，化为乌有；要是停滞不前，就永远也到达不了自由、无边无际的大海。云朵闻声而至，向它们提出了一个拯救它们的办法。

一条河绝望地认为云朵的办法行不通，执意不就范；另一条河则不肯就此放弃投奔大海的梦想，毅然化成了蒸气，让云朵牵引着它飞越沙漠，终于随着暴雨落在地上，还原成河水流到大海。

不相信奇迹的那条河，宿命地流向前方，给无情的沙漠吞噬了。

在面对生活的困境时，我们都可以选择当第二条河，凭着自己坚信的理念和梦想，在绝处中寻找生机，而不是用死亡来拒绝面对难题。

访问过一名乳癌病患者，她透露自己当初在被推入手术房的那一刻，不断地和上帝"讨价还价"，祈求上帝让她多活10年，待她那两个年幼的孩子长大一些，才来把她带走。

在那一刻，孩子成了她活着的最大意义。为了孩子，她积极乐观地面对病魔，一路走来已有12年，而上帝也未向她"讨债"。她说，患病后认识的另一名女士就没这么幸运了。虽然病情相似，但她却因丈夫离开，生活失去了重心而自怜自艾，自动放弃与病魔搏斗。面对死神的挑战，患病不到5个月的她选择弃权，像极了沙漠中被索取水分至死的第一条河。

反观前者，从最初难以接受地不断质问"为什么是我？"到现阶段自适豁达地面对自己的病情，她显然已飞越生命中干旱的沙漠，尝到了生命泉源的甘甜。

是不是没尝过茶般的苦涩，就无法体会美酒的醉人？难道我们就非得经过挫折和生活的历练，才能真正领悟出活着的意义？

我们周围有很多看似平平无奇的人，背后其实都有着一个个发人深省的故事，待我们去观察发掘，并引以为借鉴。

只要你放缓脚步，懂得在喧闹过后，于沉淀的平静中，换个观点看待周围的人和事，或许你就可以借他人的生活经历，咀嚼出生命的真味。

心态启示

> 在面对生活的困境时，我们都可以选择当第二条河，凭着自己坚信的理念和梦想，在绝处中寻找生机，而不是用死亡来拒绝面对难题。

第十节　成功并不像你想象的那么难

成功并不像想象的那么难，看看下面的例子吧，我们每个人都拥有成功的机会！

第一个例子发生在山东济南。

在济南的天桥一侧，有这个城市最好的证券交易所，每天都有很多穿着体面的人进进出出，谁也没有注意到门口那个给人看车的老太太，因为她太普通了。但是，2 年后，这个老太太成了这个交易所的大户之一。有人问她经验，老太太说我的经验就是数车子的数量，每当车子的数量很少的时候，我就买进，每当车子的数量开始多起来，并且快要达到最多的时候，我就卖出。

仅仅凭借着数车子的数量，老太太就成了股市的赢家。

第二个例子发生在台湾。

台湾富豪蔡万霖小时候，曾发现妈妈每次做饭时，总是从定量的大米中抓出一小把放进坛子里。天长日久，竟也节余下来许多粮食。每当青黄不接之时，妈妈便把这些平日里积攒下来的大米拿出来供全家食用，以解燃眉之急。这件事给蔡万霖很大的启发。他想，如果主妇们每天都从零用钱中抽出一点存起来，时间久了，不也是一笔可观的数目吗？经与哥哥商议，兄弟俩决定在台北第十信用社开展 1 元钱开户的"幸福存款"储蓄运动，他们宣布，只要存 1 元钱，就可以当"十信"的客户。

这一倡议得到了家庭主妇们的热烈响应，她们常常在上街买菜的路上，便顺道进"十信"，将手头的零钱存进去，还有的中学生也将假期打工挣的钱，扣去书本费后悉数存进了"十信"。

蔡氏兄弟的 1 元钱幸福储蓄大获成功。他们趁热打铁，又在台湾其他地方开了 17 个分社，个个生意红火，无一例外。后来，他们又增加了夜间办理储蓄业务。此后不久，"十信"已拥有社员 10 万多人，存款金额高达 170 亿元，一跃而成为台湾最大的信用社之一。

像蔡万霖一样，大多数富豪都曾有过一段辛酸的工作经历，他们并不是天生的赢家。母亲生活中的一个小习惯给了蔡万霖"财富是靠累积得来"这样一个重要启示，这种思想不仅影响了他早期的创业，更在其一生追求成功的过程中起着至关重要的作用，他成了当之无愧的"聚财之神"。

第三个例子是发生在日本。

一天黄昏，井植薰在马路上骑车，因为他的自行车车尾没有反光板而被警察严厉地教育了一番。回来的路上，井植薰不断地回想着警察的话："这是法律规定的！这是法律规定的！"突然，一个想法出现在他的脑海中，"真要是这样的话，那可就是一桩好买卖呀。全国大约有 1000 万辆自行车，每辆自行车都需要反光板，这个市场太大了！"

他想起在三洋的车间里，还堆放着大批的铜片边角料，以往这些下脚料都是当废品卖掉的，若是用它们来生产自行车车尾反光板的底板和边框，真是再合适不过了。

这个想法出现，他便立即采取了行动。第二天，他打电话到东京，询问红色玻璃的价格，粗略地估算了一下成本，大约每个反光板需要18元，而当时市上出售的用黑铁皮做的反光板价格是28元，他完全有占领市场的优势。

很快，三洋生产的铜框反光板便面市了，并且很快超过了马莫尔和松下等老牌子，几乎独占了整个市场，三洋公司也从此逐渐发展壮大起来。

有些机会不只出现一次，有些机会则是仅此一回。如果长期等待某些机会，它们就不再是你的，因为可能早已被别人捷足先登了。

心态启示

> 机会很可能会在最稀奇古怪的地点、最出人意料的时机乍现，关键的是你是否有眼光发现，并能够及时把握它。

第十一节 敢于挣脱习惯的枷锁

面临人生的重大选择，我们需要摆脱习惯的枷锁，而要摆脱这副无形的枷锁并不容易，它不仅需要你拥有超常的决心和勇气，更需要你具备过人的眼光和胆识！

一个小孩在看完马戏团精彩的表演后，随父亲到帐篷外拿干草喂表演结束的明星马匹。

小孩注意到一旁的大象群，问父亲："爸，大象那么有力，为什么它们的脚上只系着一条小小的铁链，难道它无法挣开那条铁链逃脱吗？"

父亲笑了笑，耐心地为孩子解释道："没错，大象挣不开那条细细的铁链。在大象还小的时候，训练师就是用这样的铁链来系住小象，那时候的小象力气还不够大，小象起初也想挣开铁链的束缚，可是试过几次之后，知道自己的力气不足以挣开铁链，就放弃了挣脱的念头。等小象长成大象后，便甘受那条铁链的限制，不再想逃脱了。"

正当父亲解说之际，马戏团里失火了，大火顺着草料、帐篷等物蔓延，燃烧得十分迅速，很快蔓延到了动物的休息区。动物们受火势所逼，十分焦躁不安，而大象更是频频踩脚，但仍然挣不开脚上的铁链。

猛烈的火势渐渐接近大象，只见一头大象即将被火烧着，它在灼痛之时，猛然一抬脚，竟轻松地将脚上的铁链挣断，迅速奔逃至安全的地带。

其他的大象，有两只见同伴挣断铁链逃脱，立刻模仿它的动作，也用力挣断铁链逃生了。但其余的大象却不肯去尝试，只知不断地转圈踩脚，最终无一幸存。

或许你必须耐心静候生命中的一场大火，逼着你非得选择挣断铁链或甘心遭大火烧身。或许你幸运地选择了前者，在挣脱困境之后，语重心长地告诫后人，一个人必须经苦难磨炼方能得以成长。

除了这些人生习以为常的方式之外，你还有一种不同的选择。你可以当机立断，拿得起放得下，运用我们内在的毅力，立即挣开消极习惯的捆绑，改变自己所处的环境，积极投入到另一个崭新的领域中，使自己的潜能得到充分发挥。

心态启示

> 你是静待生命中的大火，甚至甘心遭它席卷而低头认命？抑或立即在心境上挣开环境的束缚，获得追求成功的自由？

第十二节　天才其实就这么简单

换个环境也许是解决心理问题的最好途径。其实，很多时候，我们离摆脱困境的路口并不远，我们只是没有努力去寻找它。这种出路有时并不是很明确的所在，它常常只是一种强烈的摆脱困境的愿望和跳出困境的眼界。

在一个很深的山谷里，有个小乡镇，那里的居民终年生活在烦恼中：

河水泛滥，经常淹没房舍、掠走牲畜，山上的石头也不时滚到路上，滚进田园，给人们的生活带来很多不便。这里的生活的确十分艰苦，但人们也只好如此。

有一天，一位智者来到这里，他告诉人们："问题的症结不在洪水的泛滥，也不在山石的滚落和草丛的牵绊，而在于你们，你们并不一定要住在这个低洼地带。"

"我们可以不必如此吗？"人们吃惊地反问。

"是的，冷静地想想，这个低洼地给你们带来困境。只要住在这里，你们就要世世代代和烦恼为伴。只要肯往高处走，问题马上就能解决。"

"赶快告诉我们，要怎么办？"人们迫不及待地请教。

于是，这位智者指导他们在山腰及河谷的上方建造了房舍，这些居民忙不迭地照办。

"现在，"这位智者又说，"现在你们可以过上无忧无虑的生活了。其实只要移动你们的住所，你们的难题马上就迎刃而解了。"

"是啊！现在多轻松啊！"人们欢呼着。

"真奇怪！"又有人附和道，"怎么我们从前就没想到呢？"

是啊，怎么原来就没人想到呢？是什么遮蔽了人们的眼睛？

著名成功学家拿破仑·希尔曾经说过，几乎每个人的眼中都有一根横梁，它阻碍了人们看到别人的优点，也阻碍了人们看到自己的出路。

事实上，许多困境都是环境造就的，并且在大多时候，我们并不能改变那个环境，但我们却可以改变自己的所在。心理学家指出，人无法因为安慰而改变心情，如果那种心情是真实而深切的。意识只有通过物质变革才能改变。一个痛苦的人，只有变换了引起他痛苦的境遇，才会远离痛苦，俗话说"眼不见，心不烦"，说的就是这个道理。换个环境是解决许多心理问题的根本出路。

一般来说，一个环境让你别扭，总有它特别的原因，而且这些原因往往都是日积月累形成的，很难在短时间内改变，也几乎很少可能因为你的到来而改变。如果你和环境都不准备改变的话，你的继续存在就会使自己和他人都不愉快，在你暂时主导不了这个环境的情况下，你如果不想"死"在这里，就必须尽快离开。毕竟，再强大的动物在它幼弱的时候都不是狼群的对手。

而在你离开的同时，你的新生活也许就开始了。这种新生活往往带给你新的机遇和人缘，带给你更广阔的视野，带给你与以前不同的心情，事实上，很多人的人生都是在调换环境乃至远走他乡后发生转折的。正所谓"树挪死，人挪活"。

风雨依旧肆虐，这时的你不该只顾加固房舍，而应该想到住到山腰可避开河水泛滥、流石冲击。

当周围的一切既定时，我们必须学会改变自己。正如河水溢涨不会改期，但人类可以迁徙；狼群出没不可避免，但羚羊可以奔跑。

雪莱说："除了变，一切都不会长久。"但人们往往宁可在痛苦中沉眠，也不期盼在改变中挣扎，但这正是造成人们平庸的原因。正如司汤达所言："一个真正的天才，绝不遵循常人的思想途径。"

心态启示

当众人在困境中负隅抗争时，你是否看到困境外那缕阳光呢？很多时候，天才的造就也许就这么简单。

第二章　简简单单，快快乐乐

当你不在乎外在的虚荣，快乐幸福感才会润泽你干枯的心灵，就如同雨露滋润干涸的土地。我们需求的越少，贡献给他人的越多，我们得到的快乐也越多。

第一节　快乐来源于"简单生活"

生活本来很简单，把简单的事情搞得太复杂，就会产生很多烦恼和痛苦。简简单单，才能快快乐乐。

在口头上，绝大多数人都希望自己的生活能够达到"简单并快乐着"的最佳状态，但是他们真能做到吗？毫无疑问，这是一个大大的问号。为什么呢？因为大家都会被实实在在的生活压得喘不过气来，甚至头晕眼花。

著名捷克作家米兰·昆德拉有一句名言："承受生命之重。"实际上绝大多数人不堪承受生命之重，因为他们被占有物质财富——好房、名车、高收入、高开销等的欲望折磨得疲惫不堪。其实，物质财富并不像很多人想象的那样重要。事实上，有许许多多的人是在令人难以察觉的绝望状态下生活的。这在工业化程度越高的西方国家，情况尤为严重。

一项统计显示，在美国社会中，一对夫妻一天当中只有12分钟时间进行交流和沟通；一周之内父母只有40分钟与子女相处；约有一半的人处于睡眠不足的状态。时间的危机实际上是感情的危机。大家好像每天都在为一些大事疯狂地忙碌，然后疲惫不堪，没有时间顾及其他。大家都在劳动，都在创造，但是，生活真的变好了吗？

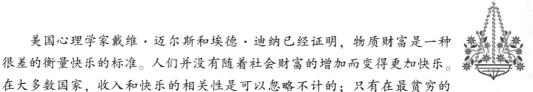

美国心理学家戴维·迈尔斯和埃德·迪纳已经证明，物质财富是一种很差的衡量快乐的标准。人们并没有随着社会财富的增加而变得更加快乐。在大多数国家，收入和快乐的相关性是可以忽略不计的；只有在最贫穷的国家里，收入才是适宜的标准。

抛开这些抽象的理论不说，物质财富的进步有时确实使人们作茧自缚。举一个很简单的例子，电话、传真、电子邮件已经成为许多工作不可缺少的帮手，不过，如果一项工作每天都面对源源不绝的电子信息，就很可能产生"信息疲乏综合征"。许多企业界的经理人和信息业的工作者抱怨，每天必须接听的电话和处理电子邮件造成精神上莫大的压力，"信息疲乏综合征"甚至会造成长期失眠，严重影响健康。至于伴随文明发展而来的噪音、污染等问题则更是尽人皆知的。

在习惯的支配下，我们对这个嘈杂的世界、混乱的时空没有感到有什么不对劲，也许只有到临终的时候，才会悲哀地发现，自己的一生原来是这么的不快乐。

那么快乐是什么？快乐来源于"简单生活"。物质财富只是外在的荣光，真正的快乐来自于发现真实独特的自我，保持心灵的宁静。

有人问："简单生活"是否意味着苦行僧般的清苦生活，辞去待遇优厚的工作，靠微薄存款过活清心寡欲？美国著名心理学家皮鲁克斯说："这是对'简单生活'的误解。'简单'意味着'悠闲'，仅此而已。三富的存款，如果你喜欢，那就不要失去，重要的是要做到收支平衡，不要让金钱给你带来焦虑。"

无论是中产阶级，还是收入微薄的退休工人，都可以生活得尽量悠闲、舒适，在过"简单生活"这一点上人人平等。

简单，是平息外部无休无止的喧嚣，回归内在自我的唯一途径，简单的好处在于：也许你没有海滨前华丽的别墅，而只是租了一套干净漂亮的公寓，这样你就能节省一大笔钱来做自己喜欢的事，比如旅行或者是买上早就梦想已久的摄影机。你也再用不着在上司面前唯唯诺诺，你自己就是自己的主人，提升并不是唯一能证明自己的方式，很多人从事半日制工作或者是自由职业，这样他们就有更多的时间由自己支配。而且如果你不是那么忙，能推去那些不必要的应酬，你将可以和家人、朋友交谈，分享一个美妙的晚上。我们总是把拥有物质的多少、外表形象的好坏看得过于重要，用金钱、精力和时间换取那种有目共睹的优越生活，却没有察觉自己的内心在一天天枯萎。

心态启示

> 事实上，只有真实的自我才能让人真正地容光焕发，当你只为快乐的自己而活，而不在乎外在的虚荣，快乐幸福感才会润泽你干枯的心灵，就如同雨露滋润干涸的土地。我们需求的越少，得到的快乐越多。

第二节　随遇而安，生活会更少烦恼

如果我们错过快乐，快乐就不会再属于你。

有一个美国商人坐在墨西哥海边一个小渔村的码头上，看着一个墨西哥渔夫划着艘小船靠岸。小船上有好几尾大黄鳍鲔鱼，这个美国商人对墨西哥渔夫能抓这么高档的鱼恭维一番，还问要多少时间才能抓这么多？

墨西哥渔夫说，才一会儿工夫就抓到了。美国人再问："你为什么不待久一点，好多抓些鱼？"

墨西哥渔夫觉得不以为然："这些鱼已经足够我一家人生活所需啦！"

美国人又问："那么你一天剩下那么多时间都在干什么？"

墨西哥渔夫解释："我呀？我每天睡到自然醒，出海抓几条鱼，回来后跟孩子们玩一玩，再跟老婆睡个午觉，黄昏时晃到村子里喝点小酒，跟哥儿们玩玩吉他，蹦蹦跳跳唱唱歌，我的日子可过得充实又忙碌呢！"

美国人不以为然，帮他出主意，他说："我是美国哈佛大学企管硕士，我倒是可以帮你忙！你应该每天多花一些时间去抓鱼，到时候你就有钱去买条大一点的船。自然你就可以抓更多鱼，再买更多渔船。然后，你就可以拥有一个渔船队。到时候你就不必把鱼卖给鱼贩子，而是直接卖给加工厂，然后你可以自己开一家罐头工厂。如此你就可以控制整个生产、加工处理和行销。然后你可以离开这个小渔村，搬到墨西哥城，再搬到洛杉矶，最后到纽约，在那里经营你不断扩充的企业。"

墨西哥渔夫问："这又花多少时间呢？"

美国人回答"15到20年。"

"然后呢？"

美国人大笑着说："然后你就可以在家当皇帝啦！时机一到，你就可以宣布股票上市，把你的公司股份卖给投资大众。到时候你就发啦！你可以几亿几亿地赚！"

"然后呢？"

美国人说："到那个时候你就可以退休啦！你可以搬到海边的小渔村去住。每天睡到自然醒，出海随便抓几条鱼，跟孩子们玩一玩，再跟老婆睡个午觉，黄昏时，晃到村子里喝点小酒，跟哥儿们玩玩吉他，蹦蹦跳跳唱唱歌，享受美好的生活！"

墨西哥渔夫疑惑地说："我现在不就是这样子了吗？"

心态启示

> 其实，人的一生，所追求的无非是最终的幸福快乐。那么，为什么不早一点来享受这种快乐呢？

第三节 只要你愿意，快乐随时降临

快乐是一种感觉，它存在于我们的心中。我们根本没有必要去寻找快乐，只要我们选择快乐，快乐就会降临。

从前有一位富翁，名字叫顾影。顾影虽然非常有钱，却常常自怜，他可怜自己空有钱财，却从来没有体会过真正的快乐、那种纯粹的快乐。

顾影常常想："我有很多钱，可以买到许多东西，为什么却买不到快乐呢？如果有一天我突然死了，留下一大堆钱又有什么用呢？不如把所有的钱拿来买快乐，如果能买到快乐，我死也无憾了。"

于是，顾影变卖了大部分家产，换成小袋钻石，放在一个特制的锦囊中。他想："如果有人能给我一次纯粹的全然的快乐，即使是一刹那，我也要把钻石送给他。"

顾影开始旅行，到处询问："哪里可以买到纯粹的快乐的秘方呢？什么才是人间的快乐呢？"

他的询问总是得不到令他满意的解答，因为人们的答案总是庸俗而接近的：

"你如果有很多的金钱，就会快乐。"

"你如果有很大的权势，就会快乐。"

"你如果拥有得越多，就会越快乐。"

因为顾影早就有了这些东西，却没有快乐，这使他更疑惑："难道这个世界上没有全然的快乐吗？"

有一天，顾影听说在偏远的山村里有一位智者，无所不知、无所不通。

他就跑进村找那位智者，智者正坐在一棵大树下闭目养神。

顾影问智者："智者！人们都说你是无所不知的，请问在哪里可以买到纯粹快乐的秘方呢？"

"你为什么要买纯粹快乐的秘方呢？"智者问道。

顾影说："因为我很有钱，可是很不快乐，这一生从未经历过纯粹的快乐，如果有人能让我体验一次，即使只是一刹那，我愿把全部的财产送给他。"

智者说："我这里就有纯粹快乐的秘方，但是价格很昂贵，你准备了多少钱，可以让我看看吗？"

顾影把怀里装满钻石的锦囊拿给智者，没想到智者看也不看，一把抓住锦囊，跳起来，就跑掉了。

顾影大吃一惊，过了好一会儿才回过神来，大叫："抢劫！救命呀！"可是在偏僻的山村根本没人听见，他只好死命地追赶智者。

他跑了很远的路，跑得满头大汗、全身发热，也没有发现智者的踪影，他绝望地跪倒在山崖边的大树下痛哭。没有想到费尽千辛万苦，花了几年的时间，不但没有买到快乐的秘方，大部分的钱财又被抢走了。

顾影哭到声嘶力竭，站起来的时候，突然发现被抢走的锦囊就挂在大树的枝丫上。他取下锦囊，发现钻石都还在，一瞬间，一股难以言喻的、纯粹的快乐充满他的全身。

正当他陶醉在纯粹的快乐中的时候，躲在大树后面的智者走了出来，问他："你刚刚说，如果有人能让你体验一次纯粹的快乐，即使只是一刹那，你愿意送给他所有的财产，是真的吗？"

顾影说："是真的！"

"刚刚你从树上拿回锦囊时，是不是体验了纯粹的快乐呢？"智者又问。

"是呀！我刚刚体验了纯粹的快乐。"

智者说："好了，现在你可以给我所有的财产了。"

智者边说边从顾影手中取过锦囊，扬长而去。

快乐是一种感觉，它存在于我们的心中。我们根本没有必要去寻找快乐，只要我们选择快乐，快乐就会降临。

心态启示

> 现代人的生活紧迫忙碌，悠闲的心情易失，常被愁苦所取代，我们备感人生是一苦海且宽阔无边。其实，快乐就在我们的身边，它来自主观的认定，快乐与否存乎一心。

第四节 快乐其实很简单

寻找快乐只需掌握快乐的关键按钮，也就是从"意识"觉醒到我要快乐，接着把生命系统内的"心灵开关"打开。

有位年轻的女子，名叫艾丽斯，她常年感到孤单寂寞。到了办公室，她提不起劲；走在人群中，她不知道活着的意义是什么。有一天她问自己："这一生以来，我曾经在什么时候感到快乐？"

这时，她脑海闪现出了小时候在家里庭院中奔跑欢笑的时光。当时，爸妈总是拍着手对她笑嘻嘻地说："快跑！快跑！好棒啊！"她还依稀记得，那时虽然常跑得气喘吁吁的，却总是开心得不得了。

是的，就是这一幕快乐的景象让艾丽斯下定决心走进健身房，她有时脚踩跑步机，有时手拉臂力机。当她伸展肢体时，当她香汗淋漓时，她重新找回了快乐的生命力。

原来从"不快乐"到"快乐"就这么简单、这么快速，只要你愿意给自己机会。

还有一个中年男子路德，他曾经是美国费城一家电台的主管，年薪高、职位高。但他却拒绝不了诱惑，接触了毒品，从此坠入痛苦深渊，不但毒瘾上身，还丢了工作，并经历了妻儿离去的痛苦时刻，最后只好靠救济金度日。

就在这样穷极潦倒之际，有一天，他翻阅着家庭相册，看到一张自己5岁时的相片，瞧着瞧着，眼角不禁湿润起来了。

从照片上小小孩的眼神，他看到自己曾经是多么天真无邪，从小男孩快乐灿烂的笑容，他回想起当年妈妈对他的殷切期望，对他的谆谆善诱，以及妈妈在拥抱他时那种既温馨又有力的感觉。

在这张照片的提醒下，路德的生命深处受到了一次大震撼，他决心重新振作，他要远离毒品、重拾快乐。果然，6年后路德戒毒成功，而且把自己的心路历程写成书出版了，并一度成为畅销书，他又走上了光明的人生道路。

心态启示

> 艾丽斯从童年回忆里找回了快乐的源泉；路德从照片中得到激励，同时学会自我克制，重建生命秩序，得享快乐。基本上，他们都已经掌握了快乐的关键按钮，也就是从"意识"觉醒到我要快乐，接着把生命系统内的"心灵开关"打开。

第五节　快乐孕于平和之中

能在各种环境中都保持宁静心态的人，都具有平和的品格修养。

老街上有一铁匠铺，铺里住着一位老铁匠。由于没人再需要他打制的铁器，现在的他以卖拴小狗的链子为生。

他的经营方式非常古老和传统。人坐在门内，货物摆在门外，不吆喝、不还价，晚上也不收摊。你无论什么时候从这儿经过，都会看到他在竹椅上躺着，微闭着眼，手里是一只半导体，旁边放一把紫砂壶。

他的生意也没有好坏之说，每天的收入正够他喝茶和吃饭。他老了，已不再需要多余的东西，因此他非常满足。

一天，一个文物商人从老街上经过，偶然间看到老铁匠身旁的那把紫砂壶，因为那把壶古朴雅致，紫黑如墨，有清代制壶名家戴振公的风格。他走过去，顺手端起那把壶。

壶嘴内有一记印章，果然是戴振公的。商人惊喜不已，因为戴振公在世界上有捏泥成金的美名，据说他的作品现在仅存3件：一件在美国纽约州立博物馆；一件在中国台湾故宫博物院；还有一件在泰国某位华侨手里，是他1993年在伦敦拍卖市场上，以56万美元的高价买下的。

商人端着那把壶，想以10万元的价格买下它，当他说出这个数字时，老铁匠先是一惊后又拒绝了，因为这把壶是他爷爷留下的，他们祖孙三代打铁时都喝这把壶里的水。

虽没卖壶，但商人走后，老铁匠有生以来第一次失眠了。这把壶他用了近60年，并且一直以为是把普普通通的壶，现在竟有人要以10万元的价钱买下它，他转不过神来。

过去他躺在椅子上喝水，都是闭着眼睛把壶放在小桌上，现在他总要坐起来再看一眼，这让他非常不舒服。特别让他不能容忍的是，当人们知道他有把价值连城的茶壶后，开始拥挤在他的家门，有的问还有没有其他的宝贝，有的甚至开始向他借钱，更有甚者，晚上也有人推他的门。

他的生活被彻底打乱了，他不知该怎样处置这把壶。当那位商人带着20万现金，第二次登门的时候，老铁匠再也坐不住了。他招来左右邻居，拿起一把斧头，当众把那把紫砂壶砸了个粉碎。

现在，老铁匠还在卖拴小狗的链子，据说今年他已经102岁了。

心态启示

> 我们要努力培养自己心理上的抗干扰能力，冷静地应对世间的千变万化，我们才能享受到宁静和幸福。

好心态是这样培养出来的

第六节　让快乐成为一种习惯

快乐是一种习惯。萧伯纳说："我们对小的烦恼、挫折、牢骚、不满、懊悔、不安的反应，在很大程度上纯粹出于习惯。"根据"积行成习、积习成性"的原理，从行为入手培养快乐习惯、快乐性格，是比较有效的策略。当你不愉快的时候，要想变得愉快的主动方式就是愉快地坐起来，愉快地看看四周，使自己的言行好像已经愉快起来。只要你模仿快乐的表情，就可激发大脑皮层产生相应的脑电波。久而久之，就会形成条件反射，自己越来越自然地感到愉快。

一个人要想生活得简单，必须充分认识到快乐的巨大意义和巨大价值，有积极、正确地追求快乐的强烈意愿，培养强烈的快乐意识、快乐观念，把快乐性格作为日常生活的必修课。

史蒂文生说："快乐的习惯使个人不受——至少在很大程度上不受——外在条件的支配。"快乐，主要取决于我们自身。只要养成了快乐的习惯，进而养成了快乐的性格，我们就能成为快乐的主人，每时每刻都快乐幸福地生活。

不论你是百万富豪或是穷光蛋，每天都应该有个基本的目标，就是衷心喜悦地享受生活。患得患失的百万富豪会对自己说："有人会偷走我的钱，然后就没有人理睬我了。"意志坚强的穷光蛋却会对自己说："债主在街上追我的时候，我正好可以运动一下。"

不要愚弄你自己。如果你真的想要得到生活的乐趣，你能够找到，但要有一个先决条件：你必须有这份福气消受。

查斯特·菲尔德爵士曾指出："有许多无福消受生活乐趣的人，他们在功成名就之后，非但不能松弛，反而更趋紧张。在他们心目中，似乎老是受到追逐——疾病、诉讼、意外、负税，甚至还包括了亲戚的纠缠。直到再度尝到失败滋味以前，他们无法松弛心神。对学习快乐的追求，而非痛苦；他们尊崇快乐的效力，因而产生自我的价值感。"

生活乐趣应从微小事物中去寻求：美味的食物、真诚的友谊、温煦的阳光、欢愉的微笑。

莎士比亚在《奥赛罗》一剧中写道："快乐和行动，使得时间变短了。"不论时间的长短，让你的时间充满愉悦的铃声。对于快乐并非生活中一部分的人应该一笑置之，因为他们是无知的一群，但是你也要原谅他们，因为他们不像你这么睿智聪明。

　　快乐是真实的，是内发的；除非获得你的允许，没有人能够令你苦恼。你每天都应该记住：快乐是你赠送给自己的礼物，不是圣诞节的点缀，而是整年的喜悦。

　　快乐本来就出自人的心灵和身体组织。我们快乐的时候，可以想得更好，干得更好，感觉得更好，身体也更健康，甚至肉体感觉都变得更灵敏。

　　一项研究发现，人在快乐的思维中，视觉、味觉、嗅觉和听觉都更灵敏，触觉也更细微；人进入快乐的思维或看到愉快的景象，视力立即得到改进；人在快乐的思维中记忆大大增强，心情也很轻松。

　　精神医学证明在快乐的时候，我们的胃、肝、心脏和所有的内脏会发挥更有效的作用。几千年前，贤明的老所罗门王有一句格言："快乐的心有如一剂良药，破碎的心却吸干骨髓。"

　　犹太教和基督教徒都把欢乐、喜悦、感恩、开朗列为通向正义和美好生活的途径，这也是很值得重视的。

　　哈佛大学的心理学家研究了快乐与犯罪行为的关系之后，得出结论：古老的荷兰格言"快乐的人家不邪恶"在科学上是站得住脚的。他们发现，大部分罪犯出身于不幸的家庭，或有一段不快乐的人际关系。耶鲁大学对"挫折"做过10年研究，结论是，我们所说的不道德和对他人的敌意，很多是因为自己的不幸才造成的。

　　辛德勒博士说："不快乐是一切精神疾病的唯一原因，而快乐则是治疗这些疾病的唯一药方。"看来，我们对于快乐的普遍看法有些是本末倒置的。我们说："好好干，你会快乐。"或者对自己说："如果我健康、有成就，我就会快乐。"或者教别人"仁慈、爱别人，你就会快乐。"其实更正确的说法是："保持快乐，你就会干得好，就会更成功、更健康，对别人也就更仁慈。"

　　快乐不是挣来的东西，也不是应得的报酬。快乐不是道德问题，就像血液循环不是道德问题一样。快乐与血液循环二者都是健康生存的必要因素。快乐不过是"我们的思想处于愉悦时刻的一种心理状态"。

如果你一直等到你"理应"进行快乐思维的时刻，你很可能产生你自己不配得到快乐的不快乐思想。斯宾诺莎说："快乐不是美德的报酬，而是美德本身；我们不是由于抑制欲望而享受快乐，相反，我们享受快乐才能抑制欲望。"

追求快乐并不是自私。很多正经人不敢追求快乐，因为他们觉得那样做是"自私"或"错误"的。无私的确能带来快乐，因为它不仅使我们转向自己以外的东西，不注意自我反省自己的过错、烦恼，或"自满"的骄傲，而且使我们能够创造一个新的自我，在帮助他人的过程中充实自己。

人类最快乐的东西就是想到有人需要自己，想到他很重要，很有能力帮助别人得到更多的快乐。然而，如果我们从快乐中探讨道德问题，认为它可以作为无私的一种报酬，那么，他们就很可能因为想得到快乐而觉得有罪。

快乐是存在和行为的自然附属物，不是一种报酬和奖品。如果我们因为无私而得到报酬，那么下一个逻辑的推理是，我们越自我克制和越不幸，我们就越会导致一个荒谬的结论：想要快乐必须不快乐。

如果牵涉到什么道德问题的话，这个道德问题应与快乐和不快乐无关。詹姆斯说，不快乐的态度不仅痛苦，而且卑下。还有什么能比憔悴、哭泣和哀怨的情感更卑下、更不值钱的呢？还有什么能比不快乐的表现更容易伤害别人？还有什么比不快乐更不利于克服困难？不快乐的态度只能加剧和延长困境，使不利的情况更加不利。

查斯特·菲尔德爵士指出：快乐是一种心理习惯，一种心理性格，如果不在现在加以了解和实践，将来也永远体会不到。快乐不是在解决某种外在问题后能产生的——一个问题解决了，另一个问题还会出现。生活本身就是一系列问题。

心态启示

> 如果你想要快乐，你就快乐吧，不要"有条件"地快乐，而要把快乐当成自己的一种心理性格。

第七节 想想你拥有的快乐

生活就是由无数的细节和小事组成，调整好自己的心态，在小事和细节中发现快乐，才能享受生活的快乐。

一位美国老师曾给他的学生讲过一件令其终生难忘的事情：

"我曾是个多虑的人，"他说道，"但是，1934年的春天，我走过韦布城的西多提街道，有个景象扫除了我所有的忧虑。事情的发生只有十几秒钟，但就在那一刹那，我对生命意义的了解，比在前10年中所学的还多。

"这2年，我在韦布城开了家杂货店，由于经营不善，不仅花掉所有的积蓄，还负债累累，估计还得花7年的时间偿还。我刚在星期六结束营业，准备到'商矿银行'贷款，好到堪萨斯城找一份工作。

"我像一只斗败的公鸡，没有了信心和斗志，突然间，有个人从街的另一头过来。那人没有双腿，坐在一块安装着溜冰鞋滑轮的小木板上，两手各用木棍撑着向前行进。他横过街道，微微提起小木板准备登上路边的人行道。

"就在那几秒钟，我们的视线相遇了，只见他坦然一笑，很有精神地向我招呼，'早安，先生，今天天气真好啊！'我望着他，体会到自己何等富有。我有双足，可以行走，为什么却如此自怜？这个人缺了双腿仍能快乐自信，我这个四肢健全的人还有什么不能的？

"我挺了挺胸膛，本来预备到'商矿银行'只借100元，现在却决定借200元；本想说我到堪萨斯城找份工作，现在却有信心地宣称：我到堪萨斯城去找一份工作。结果，我借到了钱，并很快找到了工作。

"现在，我把下面一段话写在洗手间的镜面上，每天早上刮胡子的时候都念它一遍：

"我感到闷闷不乐，因为我少了一双鞋，但这时我在街上，却见到有人缺了两条腿。"

人的一生总会遇到各种各样的不幸，但快乐的人却不会将这些装在心中，他们没有忧虑。所以，快乐是什么？快乐就是珍惜已拥有的一切。

心态启示

> 当你不快乐时，想想那些条件远不如你的人，依然能够快乐的生活，你还有什么理由不快乐呢？

第八节 让心态"活"起来

除了圣人之外，没有一个人能随时感到100%的快乐。正如萧伯纳所讽刺的那样，如果我们觉得不幸，可能会永远不幸。但是，我们可以凭借动脑筋和下决心来利用大部分时间想一些愉快的事，应付日常生活中使我们不痛快的琐碎小事和环境，从而使我们得到快乐。

我们对小事的烦恼、挫折、牢骚、不满、懊悔、不安的反应，在很大程度上纯粹出于习惯。我们做这种反应已经"练习"了很长时间，也就成了一种习惯性反应。这种习惯性的不快反应大多起因于我们自以为有损于自尊心的某种事情。

一个司机无缘无故地向他人按喇叭，我们谈话时有人肆意插嘴，我们以为某人该来帮忙他却没有来，等等。甚至一些非个人的事情，也可能被认为是伤害我们的自尊心而引起我们的反应：我们要乘的公共汽车不得已而来迟了；我们要打高尔夫球时偏偏下雨了；我们急着上飞机时交通忽然阻塞了等等。我们的反应是愤怒、沮丧、自怜，换句话说不高兴！

任何时候，不要让事情把你搞得团团转。不知你是否参加过一个电视节目，看到过节目主持人操纵观众的情况？主持人拿出"鼓掌"的标记，大家就都鼓掌；主持人又出示"笑"的标记，所有的人又都笑起来。他们的反应像绵羊一样，告诉他们怎样反应，他们就奴隶般顺从地做出反应。

你现在也是这种反应，因为你让外在事物和其他人来支配你的感觉和反应。你也像驯服的奴隶一样，等某件事或某种环境向你发出信号"生气""不痛快"，或者"现在该不高兴了"，然后你就迅速地服从命令了。

你的意见可能使事情更不乐观，甚至在遇到悲惨的条件和极其不利的环境时，我们一般也能做到比较快乐，即使不能做到完全的快乐——只要我们不在不幸之中再加深我们自怜、懊悔的情绪和于事无补的想法。

人是个追求目标的生物，所以，只要他朝着某个积极的目标努力，他一定能自然正常地发挥作用。快乐就是自然正常地发挥作用的征兆。人只要发挥一个目标追求者的作用，不管环境如何，他都会感到十分快乐。爱迪生有一间价值几百万美元的实验室，因为没买保险而被火白白烧掉了。后来有人问他："你该怎么办呢？"

爱迪生回答："我们明天就开始重建。"他能保持着如此乐观自信的态度，可以断言：他绝不会因为自己的损失而感到不幸。

心理学家霍林沃兹说过快乐需要有困难来衬托，同时需要有以克服困难的行动来面对困难的心理准备。

威廉·詹姆斯说："我们所谓的灾难很大程度上完全归结于人们对现象采取的态度，受害者的内在态度，只要从恐惧转为奋斗，坏事就往往会变成令人鼓舞的好事。在我们尝试过避免灾难而未成功时，如果我们同意面对灾难、乐观地忍受它，它的毒刺也往往会脱落，变成一株美丽的花。"

著名伦理学家爱默生说："心理健全的度是到处都能看到光明的秉性。"

快乐或随时保持人的思想愉悦的观念，能够在漫不经心的练习中巧妙地、系统地培养出来。首先，快乐不是在你身上发生的事，而是你自己所做的、取决于你自己的事。如果你等着快乐主动降临，或者碰巧发生，或者由别人带来，那你可能要等很长时间。除了你自己以外，谁也无法决定你的思想。如果你等着环境来"验证"你所进行的快乐思维，你就可能要等上一辈子了。

任何一天都有好与坏，没有哪一天、哪种环境是百分之百的"好"。这个世界上和我们的私人生活中，不断出现的各种因素和"事实"，它们不是体现出一种悲剧、抱怨的看法，就是一种乐观、快活的看法，这完全取决于我们的选择。在很大程度上，这是个选择、注意和决定的问题，而不是思想上的诚实不诚实的问题，好与坏同样"真实"。

> 怎样才能获得快乐呢？也许能让自己的心态"活"起来，是最好的良策。正如阿伯拉罕·林肯说："只要心里想快乐，绝大部分人都能如愿以偿。"

第九节　会分享，就能更快乐

世上真的有上帝吗？答案当然是否定的，其实上帝在我们的心中，我们自己就是自己的上帝，当我们将我们所拥有的东西与别人分享时，上帝就伴随在我们身边，我们就会快乐无比。

从前，有一个小男孩，他非常非常想见一见上帝。当然，他知道上帝住在遥远的地方，要走很长很长的路、经过很长很长的时间才能到达。因此，他准备了一只手提箱，并在箱中塞满了巧克力，还有6瓶饮料，然后就开始了他的寻梦之旅。

走着，走着，不知不觉中他已走过了3个街区。这时，他来到了一个公园里，看到一位老太太坐在那里，正目不转睛地盯着那些时飞时落的鸽子。

小男孩紧挨着她坐了下来，打开手提箱，拿出一瓶饮料，正准备喝时，无意中扫了老太太一眼，他突然发现老太太看起来似乎很饿，于是，他拿了一块巧克力递给她。

老太太欣然接受了，内心充满了感激，她微笑地看着小男孩，那笑容是那么的慈祥、那么的亲切、那么的完美。小男孩感到心中舒畅极了，世界也仿佛充满了阳光，到处都是鸟语花香。

他想再看一次她的笑脸，因此他又拿出一瓶饮料递给她。老太太又欣然接受了，并且又对他报以完美的微笑。小男孩高兴极了。

整个下午，他们就这样坐在公园里，边吃边笑，但他们却从未说过一句话。

天色逐渐黑了下来，夜幕降临了。此时，小男孩觉得十分疲劳，他站起身往家走去。但是，刚走几步，他却突然转过身，跑回到老太太身边，张开双臂，紧紧地拥抱了她一下。这次，老太太对他报以最完美的微笑。

当小男孩愉快地回到家里，走向自己房间的时候，她的母亲感到非常惊奇，她不知道究竟是什么事，令儿子这么满面春风。于是，她问道："孩子，今天发生什么事了，让你这么快乐？"

"我与上帝共进午餐了，"他兴奋地答道。接着，还没等母亲反应过来，他又补充道："您猜怎么样？她给了我最美好的微笑！啊，她是那么慈祥，那么亲切，那么完美！"

他说这话的时候，神情仿佛是在回味下午与"上帝"共同度过的美好时光。

与此同时，那位容光焕发的老太太也喜气洋洋地回到了家里。看着老太太那安详、平和的神情，她的儿子感到非常吃惊。他疑惑地问道："妈妈，您今天做什么事了，这么高兴？"

"哦，今天我在公园里遇见上帝了，他还和我一起吃了巧克力呢！"老太太兴奋地说道，那神情也仿佛是在回味着与"上帝"共同度过的美好时光。接下来，还没等她的儿子反应过来，她又补充道："你知道吗？上帝这么年轻，比我想象中的还要年轻得多！"

心态启示

> 只有学会分享，我们才能获得更大的快乐。

第十节 把幽默当做"催化剂"

人生需要快乐的催化剂——幽默。为什么？

有一条不成文的法则，即笑自己的人有权利开别人的玩笑。海利·福斯第说："笑的金科玉律是，不论你想笑别人怎样，先笑你自己。"

许多著名人物，特别是演员，都以取笑自己来达到双方完满的沟通。他们利用一般认为并不好看的外貌特征来开自己的玩笑，如玛莎蕾伊的

"大嘴巴"。

人们没有理由不喜欢这样的人，如果今后他们拿我们开玩笑时，我们只能同他们一起哈哈大笑，而没有半点怨言。

笑自己的长相，或笑自己做得不太漂亮的事情，会使你变得较有人性。如果你碰巧长得英俊或美丽，要感谢祖先的赏赐，同时也不妨让人轻松一下，试着找找自己的缺点。如果你真的没有什么有趣味的缺点，就去虚构一个，缺点通常不难找到。

查斯特·菲尔德爵士发现，有时候为了化解困境，没有任何合适的方式，只有依靠幽默的力量。

当百货公司大拍卖，购货的人又推又挤的时候，每个人的脾气都犹如枪弹上膛，一触即发。有一位女士愤愤地对结账小姐说："幸好我没打算在你们这儿找'礼貌'，在这儿根本找不到。"

结账小姐沉默了一会儿，说："你可不可以让我看看你的样品？"

那位女士愣了片刻，然后笑了。

作家普希金也曾以幽默摆脱了一个困境。他在他的《夫人》一书中，写到了美容产品大王卢宾丝坦女士。后来在一次他自己举行的家宴中，一位客人不断地批评他，说他不应该写这种女人，因为她的祖先烧死了圣女贞德。其他客人都觉得很窘，几度想改变话题，但是都没有成功。

谈话越来越令人受不了，最后普希金自己说："好吧，那件事总得有个人来做，现在你差不多也要把我烧死了。"

这句话马上使他从窘境中脱身出来，随后他又加上句妙语："作家都是他的人物的奴隶，真是罪该万死！"

即使在50岁以后，我们也经常为孩子们因天真而产生的幽默所感动。他们是真正以坦诚待人，不会隐瞒任何事实。当他们毫不掩饰地道出心里想的或事实真相时，人们一下子就喜欢上他们，跟他们在一起会有一种跟任何人在一起都无法感受到的轻松、愉快。

有一次李卡克在家里请几位朋友吃饭。朋友来了，他妻子要他的小女儿向客人说几句欢迎的话。她不愿意，说："我不知道要说些什么话。"

这时这位来做客的朋友建议："你听到妈妈说过些什么，你就说什么好了。"

他女儿点点头，说："老天！我为什么要花钱请客？我们的钱都流到哪儿去了?"

李卡克的朋友们大笑起来,连他妻子也不好意思地笑了。

这就是孩子式的幽默。他女儿把她的母亲的想法以极纯真的方式说了出来,使大人们也不得不认真地检讨一下自己的想法,同时也减轻了自己对金钱方面的忧虑。李卡克从中得到了一点东西,孩子式的幽默能使自己显得格外真诚。

罗钦斯基夫人在她写的《生命的乐章》一书中,提到这样一个故事:

罗家第一个孩子刚出生不久,那天,她坐在楼上卧室里,忽然楼下传来了一阵阵饱满而雄浑的音乐声。她想,这很平常,因为她的丈夫是纽约爱乐交响乐团的指挥。

这时她丈夫上楼对她说:"我刚买了张巨型唱片,有房子那么大。"

夫人半信半疑地望着他,问:"那唱机要有多大?"

"要18个人抬。"他说。

罗钦斯基哄她下楼,她看见竟有一屋子神采飞扬的音乐家,在演奏理查为庆祝他们的长子诞生而作的曲子。

音乐家们看到夫人下楼,便停止演奏,有人问罗钦斯基:"你生了个儿子,满意吗?"

他回答说:"这得问我夫人,因为孩子是她生的。至于我,诸位,我平生最满意的、最辉煌的成就,是我竟能说服她嫁给我!"

夫人立刻接着说:"我为他生了孩子,却丢掉了皇冠!"一刹那间,整个屋子笑声沸扬。

这件事使他们终生难忘,罗钦斯基夫人一想起它,就会想起罗钦斯基带给她的温暖。

据说,有一个极富幽默感的人,在他的结婚宴席中讲了一句后来广为流传的妙语。当时人们定要他回答为什么爱上了新娘。他说:"我不知道,这可能已铸下大错。当初我只是爱上了她的酒窝,因为我贪杯,可我现在要同她整个人结婚!"

这么说引起了哄堂大笑,很久以后有人还问他:"近来你还贪杯吗?"

无论是他妻子,还是他本人,再也不会把这愉快的一刻忘掉。

心态启示

> 人生需要快乐的催化剂——幽默。有时候为了化解困境，没有其他合适的方式，只有依靠幽默的力量。只要我们能够在有限的生命中添加幽默，享受生命，就越能创造、享有幸福的生活。

第十一节　追寻快乐的最佳妙方

这个世界不会改变，会改变的是我们的态度。要活得快乐，就必须先改变自己的态度。

有家卖甜甜圈的商店前挂了一块招牌，上面写着：乐观者和悲观者之间的差别十分微妙，乐观者看到的是甜甜圈，悲观者看到的则是甜甜圈中间的洞。

这个短短的幽默句子透露了快乐的本质。事实上我们眼睛看见的，往往并非事物的全貌，我们只看自己想寻求的东西。

一个朋友曾经讲述了他的经历：

有一天，我站在一个珠宝店的柜台前，把一个放着几本书的包裹放在旁边。当一个衣着讲究、仪表堂堂的男人进来，也开始在柜台前看珠宝时，我礼貌地将我的包裹移开。但这个人却愤怒地瞪着我，告诉我他是个正直的人，绝对无意偷我的包裹。他觉得受到侮辱，重重地将门关上后，走出珠宝店。

我十分惊讶，这样一个无心的动作竟会引起别人如此的震怒。后来我领悟到，这个人和我是生活在两个完全不同的世界。其实，外在世界并没有什么不同，只是个人内在态度不同罢了。

几天后的一个早晨，我一醒来便感觉心情不佳，觉得这世界是多么枯燥，我想到这天又要在单调的例行工作中度过时，不禁感到愤怒、无助。当我挤在车阵中缓缓向市中心前进时，我满脸怒气地想：为何有那么多笨蛋也能拿到驾驶执照？他们开车不是太快就是太慢，根本没资格在高峰时间开车，这些人的驾照都该被吊销！

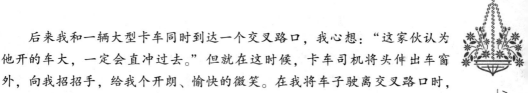

后来我和一辆大型卡车同时到达一个交叉路口，我心想："这家伙认为他开的车大，一定会直冲过去。"但就在这时候，卡车司机将头伸出车窗外，向我招招手，给我个开朗、愉快的微笑。在我将车子驶离交叉路口时，我的愤怒突然完全消失，心胸豁然开朗。

这位卡车司机的行为使我仿佛置身另一个世界。但事实上，这个世界依旧，不同的是我们的态度。

心态启示

> 我们每个人其实都应该知道这个道理：每个人在生活中都会有类似的小插曲，这些小插曲正是我们追寻快乐的最佳妙方。

第十二节 快乐会越分越多

一个人如果把"爱"分出去，是越分越少，还是越分越多？同样的问题，一个人如果把"快乐"分出去，是越分越少，还是越分越多？

在一般人的思想里，总认为"爱""快乐""勇气"等这类正义性的人格表现，如果给某个特定的人多一点，就会给予另外的人少一点。

心理学家弗洛伊德认为，每个人只有一定限量的爱，难以持续不断地付出大量的爱；另外一派的心理学家佛洛姆等人则认为，在一个正常而且良好的社会环境下，一个人有可能在接触和付出的过程中，产生更多的爱。

这是一个有趣、也值得深思的问题，关键点在于提供者究竟是用"分配"，还是"分享"的心态来处理。

"分配者"会"等分"他的爱心。例如：一个公司的主管，如果把"三分"留给自己，"六分"给公司，"一分"留给家人，这就会产生人际关系的不平衡，造成大家不开心、不快乐。

"分享者"则是视自己的周围每个人都是独一无二的"十分"。例如做爸妈的"十分"爱自己、照顾自己；同时也"十分"爱大孩子，"十分"爱小孩子；又能"十分"关注工作，"十分"参与公益活动……像这样的爸妈，用分享的心情，无限地开拓了生命的空间，让周围很多人都能享受到同样的、大量的爱。

所以，一个人若要越来越快乐、越爱越多，不妨善用"分享者"的"涟漪效应"，随时在水面上一"点"，快乐和爱的能量就会源源不断地传送出去。

曾经有位妇人在河床边发现一粒像宝石般的石头，她把它拣起，并且放入装满食物的袋子内。这时，迎面来了位饥饿的流浪人，妇人毫不犹豫地打开袋子，取出食物让流浪人享用。当流浪人吃食物时，正好瞧见袋内的宝物，他渴求妇人割爱，只见妇人二话没说将宝物取出，并且交到流浪人手中。

这件事过了好一阵子，有一天，流浪人又来到这位妇人面前，不但归还了宝物，还说："我已经不需要它了，我要学的是你的'舍得'啊！"

还有一位妇人，对于一些初相识的人，也会毫不吝啬地分享她的住处、她的食物和她的友谊。

她每天都很开心快乐，家中充满了笑声、歌声，连同周围的朋友们都感染了她的喜悦。

有人曾问她："你是怎么做到如此舍得分享？"

原来她从小家境就不好，父亲又特别严苛，因此，小时候她总是战战兢兢地生活。

有一回，一位太太买了菜和水果准备回家，半路上，袋子竟然破了，橘子掉得满地都是。这时，这位太太向妇人的父亲索取个塑料袋。不料，妇人的父亲竟然一口回绝了。看着太太失望地离去，妇人在小小的年纪时，就已经暗下决心，将来一定要帮助更多的人，绝不吝啬。

这位妇人目前是一家企业公司的董事长，事业扩及欧美、亚洲，可是她仍然谦虚和气，一如邻家妇人，她的乐于分享、敢于舍得，让人印象深刻。

是的，快乐越分越多。只有善于分享的人，才会从周围的人身上分享快乐，也只有乐于分享的人，才会把自己的快乐分给别人，使自己越来越快乐。

心态启示

若想越来越快乐，不妨将自己的快乐不断地与别人分享。

第三章　别太看重眼前的不如意

如果有什么事让你不快，就把那件事看得小些、再小些；如果有什么事让你欢乐，就把那件事看得大些、再大些。这就是寻找快乐、丢掉忧愁的法门，拥有它，面对生活时，你就能挥洒自如。

第一节　好心情与坏心情

过于看重失败和挫折，就会加大痛苦的感觉，只有淡化不愉快的事情，才会减轻烦恼，快乐就会随之而来。

美国加州有位刚刚大学毕业的年轻人，在 2003 年的冬季大征兵中，他被依法选中，即将到最艰苦也最危险的海军陆战队去服役。

年轻人自从获悉自己被海军陆战队选中的消息后，便显得忧心忡忡。

在加州大学任教的祖父见到孙子一副魂不守舍的模样，便开导他说："孩子啊，这没什么好担心的。到了海军陆战队，你将会有两个机会，一个是留在内勤部门，一个是分配到外勤部门。如果你分配到了内勤部门，就完全用不着去担惊受怕了。"

年轻人问爷爷："那要是我被分配到了外勤部门呢？"

爷爷说："那同样会有两个机会，一个是留在美国本土，另一个是分配到国外的军事基地。如果你被分配在美国本土，那又有什么好担心的呢。"

年轻人问："那么，若是被分配到了国外的基地呢？

爷爷说："那也还有两个机会，一个是被分配到和平而友善的国家，另一个是被分配到海湾地区。如果把你分配到和平友好的国家，那也是件值得庆幸的好事呀。"

年轻人问："爷爷，那要是我不幸被分配到海湾地区呢？"

爷爷说："你同样会有两个机会，一个是留在总部，另一个是被派到前线去参加作战。如果你被分配到总部，那又有什么需要担心的呢？"

年轻人问："那么，若是我不幸被派往前线作战呢？"

爷爷说："那同样有两个机会，一个是安全归来，另一个是不幸负伤。如果你能够安全归来，那担心岂不多余？"

年轻人问："那要是不幸负伤了呢？"

爷爷说："也有两个机会，一个是只负了点轻伤，并没有任何生命危险；另一个是身受重伤，会危及生命安全。如果只是负了点于生命并无大碍的轻伤，那又何必过分担心呢？"

年轻人又问："那要是不幸身负重伤呢？"

爷爷说："你同样拥有两个机会，一个是依然能够保全性命，另一个是完全救治无效。如果尚能保全性命，还担心它干什么呢？"

年轻人再问："那要是完全救治无效怎么办呢？"

爷爷听后哈哈大笑："那你人都死了，还有什么可担心的呢？

这位爷爷一定是位智者。

心态启示

> 心态乐观的人，没有音乐照样可以跳舞！面对挫折或不幸，与其垂头丧气地哭泣或哀嚎，不如把烦恼和恐惧暂时放在一旁，唱支动听的歌，放松自己，也能鼓舞别人。每天，你都有两种选择：选择好心情？或者选择坏心情？无论如何，这都取决于你自己。

第二节 人生沉浮出清香

一个在人生旅途上屡遭挫折的年轻人，在心情极为低落、灰暗的情况下，千里迢迢来到名刹古寺，慕名拜访得道高僧，希望高僧能给自己指点迷津。

年轻人一见高僧，便痛述不堪回首的过去种种，还沮丧地感叹：人生不如意事十之八九，活着也真没什么意思。

高僧静静听完年轻人的叹息和絮叨，然后才吩咐小和尚说："施主远道而来，端一壶温水来。"

不一会儿，小和尚便送来了一壶温水，高僧顺手抓了一撮茶叶放进杯子，然后用温水泡了，放在茶几上，微笑着请年轻人喝茶。茶几上的杯子冒出微微的水汽，茶叶静静漂浮在水面上。

见此情景，年轻人不解地问："宝刹怎么用温水沏茶？"

高僧笑而不语。

年轻人喝一口细品，不由摇摇头说："一点茶香都没有呢。"

高僧说："这可是本地远近闻名的龙井啊。"

年轻人又端起杯子品尝，然后肯定地说："真的没有一丝茶香。"

高僧于是又吩咐小和尚："再去端一壶沸水送过来。"

不一会儿，一壶冒着热气的沸水便送上来了。高僧起身，又取过一个杯子，放茶叶，倒沸水，再放在茶几上。年轻人俯首看去，茶叶在杯子里上下沉浮，丝丝清香不绝如缕，望而生津。

年轻人欲去端杯，高僧作势挡开，又提起水壶注入一线沸水。茶叶翻腾得更厉害了，一缕更醇厚更醉人的茶香袅袅升腾，在禅房弥漫开来。

高僧如是注了5次水，杯子终于满了。那绿绿的一杯茶水，端在手上清香扑鼻，入口更是沁人心脾。

高僧笑着问："施主可知道，同是龙井，为什么茶味迥异？"

年轻人思忖着说："一杯用温水，一杯用沸水冲沏的茶水不同。"

高僧点头："用水不同，则茶叶的沉浮就不一样。温水沏茶，茶叶轻浮水上，根本就泡不开，怎会散发清香？沸水沏茶，反复几次，茶叶沉沉浮浮，充分浸泡，自然会浓郁扑鼻。试想人世间的芸芸众生，又何尝不是沉浮的茶叶呢？那些不经风雨的人，就像温水沏的茶叶，只在生活表面漂浮，根本浸泡不出生命的芳香。而那些屡经风雨洗礼的人，如被沸水冲泡的茶，在沧桑岁月里几度沉浮，才有那沁人的清香啊。"

心态启示

> 其实仔细想，我们自己何尝不是那一撮生命的清茶？命运又何尝不是一壶温水或炽热的沸水呢？茶叶因为沉浮才释放了自身深蕴的清香，而生命，也只有遭遇一次次挫折和坎坷，才激发出人生那一脉脉醉人的幽香。

第三节　悲哀与幸运之间

人世间最大的悲哀，就是对已经拥有的东西很难去想它，但对失去的东西却念念不忘。

在一次大地震中，刘家兄弟俩死里逃生，都是从废墟中挖出来的。政府帮他们盖了新房，解决了温饱。哥哥念念不忘已失去的一切，成天念叨着死去的妻呀、儿呀、猪呀、鸡呀。弟弟不但失去了妻子、女儿和全部家财，还失去了左腿。但他老在想我还活着真是幸运，我不愁吃，不愁喝，感谢政府给我盖了新房，感谢上苍给我留下了一条腿和一双完好的手，我能给自己做饭、穿衣，还能帮他人干活。

哥哥常把得到的东西抛置一边，对失去的东西总是念念不忘，整天陷入忧郁痛苦之中，不久便患上了胃溃疡和心脏病，不到3年便病死在了医院里。弟弟能珍视自己现有的一切，学会了用心去享受已追求到的幸福。他虽然失去了一条腿，但他会修鞋。当他看到别人穿上他修好的鞋，向他投来满意的目光时，便会情不自禁地对自己说："活着真好！"

兄弟俩有相同的遭遇，又同样幸而得救，过着相似的生活。弟弟总觉得自己活得很幸福，哥哥却对已经失去的东西念念不忘，对拥有的东西很难想到。弟弟不去想已经失去的东西，却常记着现在拥有的一切。

会享受人生的人，不会在意拥有多少财富，不会在意住房大小、薪水多少、职位高低，也不在意成功或失败，只要会数数就行。"不要计算已经失去的东西，多数数现在还剩下的东西。"这个十分简单的数数法，就是享受人生的一种智慧。

在宁夏南部山区有一位还未脱贫的农民，他常年住的是黑咕隆咚的窑洞，顿顿吃的是玉米、土豆，家里最值钱的东西就是一个盛面的柜子。可他整天无忧无虑，早上唱着山歌去干活，夕阳落山后又唱着山歌走回家。

别人都不明白，他整天乐什么？

他说："我渴了有水喝，饿了有饭吃，夏天住在窑洞里不用电扇，冬天热乎乎的炕头胜过暖气，日子过得美极了！"

这位农民能珍惜自己所拥有的一切，从不为自己欠缺的东西而苦恼，这就是他能感受到幸福的真正原因。

其实，我们绝大多数人所拥有的，远远超过了这位农民，可惜被我们自己所忽略。比如，你虽然下了岗，但你有一个和睦的家庭，家中人人健康，无灾无病；你的收入虽然不高，但粗茶淡饭管饱管够，绝无那些富贵病的侵扰；你的配偶或许并不出众，但他（她）能与你相亲相爱，真情到老；你的孩子虽然没有考上大学，但他（她）却懂得敬爱父母、晓得自尊、知道奋斗……这样的东西还有很多很多。

心态启示

> 毕加索说得好："人生应有两个目标。第一是得到所想要的东西，尽力去争取；第二是享受它，享受拥有它的每一分钟。而常人总是朝着第一个目标迈进，却从来不争取第二个目标，因为他们根本不懂得享受。"

第四节　把烦恼看得再小些

把烦恼看得小些再小些，那么你就能洒脱地面对生活了。

斯达在一家夜总会里敲架子鼓，收入不高，然而，却总是乐呵呵的，对什么事都表现出乐观的态度。他常说："太阳落了，还会升起来，太阳升起来，也会落下去，这就是生活。"

斯达很爱车，但是凭他的收入想买车是不可能的。与朋友们在一起的时候，他总是说："要是有一部车该多好啊。"眼中充满了无限向往。有人逗他说："你去买彩票吧，中了奖就有车了！"

于是他买2块钱的彩票。可能是上天优待于他，斯达凭着2块钱的一张体育彩票，果真中了个大奖。

斯达终于如愿以偿，他用奖金买了一辆车，整天开着车兜风，夜总会也去得少了，人们经常看见他吹着口哨在林荫道上行驶，车也总是擦得一尘不染的。

然而有一天，他把车停在楼下，半小时后下楼时，发现车被盗了。

朋友们得知消息，想到他那么爱车如命，几万块钱买的车眨眼工夫就没了，都担心他受不了这个打击，便相约来安慰他："斯达，车丢了，你千万不要太悲伤啊！"

斯达大笑起来，说道："嘿，我为什么要悲伤啊？"

朋友们疑惑地互相望着。

"如果你们谁不小心丢了2块钱，会悲伤吗？"斯达接着说。

"当然不会。"有人说。

"是啊，我丢的就是2块钱啊！"斯达笑道。

心态启示

任何事情，想得开就能快乐。

第五节　别围守一个角度看问题

相似的遭遇，人的生活态度不同，从不同的角度去看，能有完全不一样的感觉。

一位姓王的美国华侨因参加社区聚会时发生轻微痉挛而被送进了医院，医院急诊室里躺满了人，躺在华侨左右两边的两位男士，其病状与他都很相似。美国的医生一向都是很紧张的，尤其是对待像王华侨这种四五十岁以上、胆固醇高的男性病人，即使只是一点胸闷头晕，也要留院观察是否患心脏病。

　　每个病人的身上都挂满了电线，连续监控心电图，手上绑着量血压的仪器，隔一下就自动充气测量，最麻烦的是把针插到手臂的血管里，也不是打点滴，而是预先把针插好，以便突然心脏病发作时能够及时由那里注射。

　　王华侨左边的那位男士，不断跟医生抱怨。说他马上要去度假了，真倒霉，躺在了医院。王华侨看他生气的样子，心想："冲你这脾气，就容易得心脏病。"

　　而巧得很，他右边的那位男士也正要出国。他是由于为公司做出了巨大的贡献，公司出钱请他和夫人一起去欧洲旅行，他是在出行前公司举行的宴会上突然胸疼的。

　　医院中他的夫人坐在旁边，拉着他的手："旅行泡汤了！"那位男士笑着说："不过幸亏及时发作，要是出国再犯，就麻烦了。"

　　说完，两个人相视而笑"感谢上帝"！

　　听了两个人的对答，王先生不禁想起了自己的一位朋友。那位朋友辛苦存了好几年钱，买了辆他梦想了半辈子的宝马轿车。

　　拿到新车的那一天，他特地开到郊外，享受下好车的马力。不知是因为兴奋，还是没有熟练掌握新车的性能，他居然撞上了路边的大树，把车头撞坏了。

　　朋友们都认为他运气不好，几百万的全新宝马车，第一天就撞了。

　　但这位朋友却毫不伤心，反而开导大家说："幸亏是好车，结实，所以车虽然毁了，但人却一点事也没有。"

　　王先生还记得一次和一帮朋友去一家餐厅吃饭，也遇到了类似的情况。一位服务小姐在上菜的时候不小心碰翻了一位客人面前的汤，洒了那客人一身。

　　那位客人站起来，一边忙着用餐巾纸擦拭，一边笑说："幸亏我这碗汤已经凉了，不然非烫伤不可。"

　　还有一次，王先生去朋友家做客，几个孩子追来追去，把架子上一个玻璃花瓶碰掉了。

　　玻璃破碎的声音惊动了一屋子的人，只见那家的女主人冲过去，检查每个孩子，高兴地对大家说："感谢上帝，没受伤。"然后，去给弄湿的孩子换衣服，再回头，一点一点地收拾地上的碎玻璃。

相似的遭遇，人的生活态度不同，从不同的角度去看，能有完全不一样的感觉。我们的祖先早就学会了从不同角度看这个世界。过年时砸碎了东西，他们会说："岁岁平安"；大难不死，人们会说："必有后福"；失了火，烧得一无所有，人们会说："愈烧愈旺"；一个人的积蓄花光了，大家会安慰"留得青山在，不怕没柴烧"……

心态启示

> 作为一个现代人，我们更要学会从多角度看待问题，不要只固守一个角度，要及时改变自己的态度，多思多想，多挖掘生活中的快乐。

第六节 寻找人生的"长生果"

人生的真正目标是寻找自己的快乐和内心的幸福，在我们遇到烦恼时就要调整自己的心态，去发现生活中的积极因素，让自己快乐起来。

传说南海生长长生果，如果幸运地找到并吃进肚腹，就一定可以长命百岁。

京城中一富豪有两个儿子。哥哥好酒，弟弟恋花，但一听说这个故事，两人便都筹足盘缠，兴致勃勃地朝南海出发。

他们来到一个山谷中，看见满谷绿草如茵、山花烂漫、彩蝶飞舞。弟弟在京城中从未见过如此奇观，加之爱花如命，于是他停下脚步，决定久居此山谷，不再去想长生果了。

哥哥一人离开山谷，踏上征途。一天，一眼清泉使他驻足徘徊。泉水酒香袭人，饮之则觉清冽甘甜。哥哥开怀畅饮，将寻找长生果之事抛之脑后。

就这样，兄弟两人都没能到达南海，也没去找长生果，但他们都找到了自己的快乐，找到了内心的幸福。其实，这样美丽的自然环境才是真正有益于身心健康的长生果。

生活中，我们为自己树立了一个又一个目标。然而，很多时候，在向目标前进的途中，我们会被许多目标之外的风景吸引住目光，甚至为它们停住脚步。其实，我们不必为自己的"半途而废"而自怨自艾，因为那并不是我们甘于放弃目标，而是由于我们发现了更真实、更符合自己内心愿望的去处。

心态启示

很多时候，我们历经艰辛也没有能达到目标，但回视其过程，又不乏充实和快乐，也许在寻找之中我们已悄然获得了目标之外的宝藏。

第七节　让乐观主宰你的一生

别人眼中的快乐不是快乐，自己心中的快乐，才是真正的快乐。

20 世纪最具影响力的英国思想家罗素，在 1924 年来到中国的四川。那个时候的中国，军阀割据，战乱频仍，山河破碎，民不聊生。罗素刚写完他的巨著《幸福论》，他希望以自己的思想教化引导中国人摆脱苦难。

当时正值夏天，四川的天气非常闷热。罗素和陪同他的几个人坐着那种两人抬的竹轿上峨眉山。山路非常陡峭险峻，几位轿夫累得大汗淋漓。此情此景，使作为一个思想家和文学家的罗素没有了心情观赏峨眉山的景观，而是思考起几位轿夫的心情来。他想，轿夫们定痛恨他们几位坐轿的人，这样热的天气，还要他们抬着上山，甚至他们或许正在思考，为什么自己是抬轿的人而不是坐轿的人？

罗素思考着的时候，到了山腰的一个平台，陪同的人让轿夫停下来休息。罗素下了竹轿，认真地观察轿夫的表情。他看到轿夫们坐成行，拿出烟斗，又说又笑，讲着很开心的事情，丝毫没有怪怨天气和坐轿人的意思，也丝毫没有对自己的命运感到悲苦的意思。他们还饶有趣味地给罗素讲自己家乡的笑话，很好奇地问罗素一些外国的事情。他们在交谈中不时发出高兴的笑声。

罗素在他的《中国人的性格》一文中讲到了这个故事，而且，他因此得出了一个著名的人生观点：用自以为是的眼光看待别人的幸福是错误的。

莎士比亚在谈到人生的处境时曾经有过一个很经典的比喻。他说我们的身心就是一个园圃，而我们的主观意志就是园圃的园丁。不论我们是种植奇花异草还是单独培植一种树木，还是任其荒疏，那权力都在我们自己。也就是说，你假如愿意自己是快乐幸福的，你就可以做到，权利都在你自己的手里——一切都在我们个人的主观意志之中。我们可以让自己的生活充满喜悦，我们也可以让自己的生活丰富多彩。也就是说，不论我们处于什么境地，我们都可以把它当做自己的福地。成功的时候，尽情地享受成功；逆境的时候，为未来的希望快乐。

因此说，坐轿子的人未必是幸福的，抬轿子的人未必不是幸福的。

快乐是什么？快乐不是腰缠万贯的富有，不是珠光宝气的靓丽，也不是功成名就的潇洒。快乐是一种心境，快乐是种态度。它不会因为你高贵就垂青你，也不会因为你贫贱而远离你。当你看到一个贫困的小山村里，一对老夫妻坐在一桌简单的饭菜前，你一箸、我一筷地相互谦让，就着几样普通的青白小菜频频举杯时，你怎能不认为他们是快乐的呢？

心态启示

> 要想拥有快乐，我们要有一双善于发现快乐的眼睛，并拥有乐观的思想态度。

第八节　赚了快乐才是最重要的

快乐存在于生活之中，也存在于对事物的追求之中，并非只有赚钱才是快乐的。

有一对夫妻感情很好，生活优裕；聪明可爱的儿子在外地的重点大学读书；丈夫在外面开了家公司，生意红火。可丈夫没日没夜地忙碌，很少在家；儿子每逢寒暑假才回家，妻子一个人在家，终日无所事事，日子过得并不快乐。

丈夫回到家看到妻子整天闷闷不乐的样子，想想自己因为工作太忙没有时间陪妻子，想让她快乐地过好每一天，就对她说："你去亲戚朋友家串串门吧，跟她们聊聊天打打麻将，你会开心的，不要整天待在家里，会很闷的。以前的生活是围着孩子转，没有自己的生活空间，现在好了，有时间了，好好利用。"

于是，她便去亲戚朋友邻居家里串门、聊天、打麻将，果然开心了一段时间。但是话题聊完了，麻将打腻了，她又变得不开心了。

在家的这几天，妻子想了好多，她觉得丈夫说得很对，现在要好好规划一下，充分地享受生活，不能再这样浑浑噩噩下去了，要为自己而生活。

于是，丈夫回来后，她对他说："我想开间花店。这里还没有人开，一定能赚钱。而且我一直很喜欢花，以前就有过这样的想法，只是一直没有去做。既能赚钱又感兴趣，一定会做得非常好的。"

丈夫说："这主意不错。只要是你喜欢就放手去做吧，我支持你！"

花店很快就开张了。妻子每天去花店做生意，她变得忙碌起来了。来买花的人很多，妻子干得很开心，还认识了不少人。看着她开心的样子，他也很开心。可是过了几个月，丈夫算了下账，发现妻子根本不是经商的料。

她经营的花店不但不赚钱，倒赔进去不少。

后来有人问他："你老婆的那家花店还开吗？"

他说："还开。"

"是赚是赔？"

他说："赚。"

"赚多少？"

他神秘地一笑。经再三追问，他才悄悄地告诉我："钱是一分没赚到，赚的是快乐。"

心态启示

> 赚了快乐，也就赚了整个生命，因为快乐无价。

第九节　让怒气自己偷偷溜走

面对事情，心平气和方能化解一切矛盾。

一个人因为一件小事和邻居争吵起来，争论得面红耳赤，谁也不肯让谁。最后，那人气呼呼地跑去找牧师，牧师是当地最有智慧、最公道的人。"牧师，您来帮我们评评理吧！我那邻居简直是一堆狗屎！他竟然……"那个人怒气冲冲，一见到牧师就开始了他的抱怨和指责，正要大肆指责邻居的不对，就被牧师打断了。

牧师说："对不起，正巧我现在有事，麻烦你先回去，明天再说吧。"

第二天一大早，那人又愤愤不平地来了，不过，显然没有昨天那么生气了，"今天，您一定要帮我评出个是非对错，那个人简直是……"他又开始数落起别人的劣行。

牧师不快不慢地说："你的怒气还是没有消除，等你心平气和后再说吧，正好我的事情还没有办好。"

一连好几天，那个人都没有来找牧师了。牧师在前往布道的路上遇到了那个人，他正在农田里忙碌着，他的心情显然平静了许多。

牧师问道："现在，你还需要我来评理吗？"说完，微笑地看着对方。

那个人羞愧地笑了笑，说："我已经心平气和了！现在想来也不是什么大事，不值得生气的。"

牧师仍然不快不慢地说："这就对了，我不急于和你说这件事情就是想给你时间消消气啊，记住：不要在气头上说话或行动。"

怒气有时候会自己溜走，稍稍耐心地等一下，不必急着发作，否则会惹出更多的怒气，付出更大的代价。

心态启示

人生路上会遇到许多不如意的事，磕磕绊绊也少不了，是心平气和地去化解还是怒气冲天地去对待，往往一件小事就能决定今后的命运如何。

第十节 失去不一定是损失

有句话叫"塞翁失马，焉知非福"，失去不一定就是坏事，有时可能是好事。

有一位住在深山里的农民，经常感到环境艰险、难以生活，于是便四处寻找致富的好方法。一天，一位从外地来的商贩给他带来了一样好东西，尽管在阳光下看去那只是一粒粒不起眼的种子，但据商贩讲，这不是一般的种子，而是一种叫做"苹果"的水果的种子，只要将其种在土壤里，2年以后，就能长成一棵棵苹果树，结出数不清的果实，拿到集市上，可以卖好多钱呢！

欣喜之余，农民急忙将苹果种子小心收好，但脑海里随即涌现出一个问题。

既然苹果这么值钱、这么好，会不会被别人偷走呢？于是，他特意选择了一块荒僻的山野来种植这种颇为珍贵的果树。

经过近2年的辛苦耕作、浇水施肥，小小的种子终于长成了一棵棵茁壮的果树，并且结出了累累的硕果。

这位农民看在眼里、喜在心中。嗯！因为缺少种子的缘故，果树的数量还比较少，但结出的果实也肯定可以让自己过上好一点儿的生活。

他特意选了一个吉祥的日子，准备在这天摘下成熟的苹果挑到集市上卖个好价钱。

当这天到来时，他非常高兴，一大早，便上路了。

但当他气喘吁吁爬上山顶时，心里猛然一惊，那一片红灿灿的果实，竟然被外来的飞鸟和野兽们吃个精光，只剩下满地的果核。

想到这几年的辛苦劳作和热切期望，他不禁伤心欲绝，大哭起来。他的致富梦就这样破灭了。在随后的岁月里，他的生活仍然艰苦，只能苦苦支撑下去，一天一天地熬日子。

不知不觉之间，几年的光阴如流水般逝去。

一天，他偶尔之间又来到了这片山野。当他爬上山顶后，突然愣住了，因为在他面前出现了一大片茂盛的苹果林，树上结满了累累的果实。

这会是谁种的呢？在疑惑不解中，他思索了好一会儿才找到了一个出乎意料的答案。

原来这一大片苹果林都是他自己种的。

几年前，当那些飞鸟和野兽在吃完苹果后，就将果核吐在了旁边，经过几年的生长，果核里的种子慢慢发芽生长，终于长成了一片更加茂盛的苹果林。

现在，这位农民再也不用为生活发愁了，这一大片林子中的苹果足可以让他过上温饱的生活。

只不过，他转念一想，如果当年不是那些飞鸟和野兽们吃掉了这小片苹果树上的苹果，今天肯定没有这样一大片果林了。

心态启示

> 放弃和损失，在许多情况下或许并不是错误的决定，相反还会让自己获得更多。这不仅是这个农民的领悟，更是生活的哲理。

第十一节　有一种自卑叫自信

学会自卑，是为了生命中期望已久的成功。

一个人被公认为是全班最胆小最怯懦者，大学毕业时大家挥手告别，许多人预言10年后相聚他不会有什么大作为：普通的人，普通的生活，庸庸碌碌的一生。

10年瞬间而过，10年后的相聚如期举行。当年许多意气风发、指点江山的同学，如今被生活改变成了一言不发的旁观者；许多才华横溢、认为一出校门即可拥有一切的同学，因苦苦挣扎而终无意料之中的成功而有些垂头丧气；只有他——那个被公认为将是最失败者，还是和当年一样平凡得如一粒尘土，不出众、不显眼、也不高谈阔论。

聚会到了高潮，每人依次上台讲述自己的现状和理想，还有对目前生活的满意程度。大多数人目前的生活状况不如当年跨出校门时理想，对目前生活满意者几乎没有。

他上台说道："我目前拥有数家公司，总资产上亿元，远远超出当年走出校门时的理想。如果说还有什么遗憾的话，就是我认为离那些我所欣赏的成功者还很遥远。是的，无论是在学校还是走向社会，我一直很自卑，感觉每个人都有特长，都比我强。所以我要努力学习每个人的特长，并且丢掉自己的缺点。但是，我发现无论我如何努力也总是无法赶上所有的人，所以我就一直自卑下去。因为自卑，我把远大理想埋在心底，努力做好手头的每一件小事；因为自卑，我把所有伟大目标转化成向别人学习的一点点的进步。进步一点，有一点战胜自卑的理由，同时又会发现一个自卑的借口。这样，永远让自己处在自卑之中，我就会获得源源不断的前进动力。"

长久的沉默之后，优秀者或平凡者们才明白了自己竟然失败于自信。因为自信，总认为自己比别人优秀，所以不肯虚心求教，看不到别人的长处；因为自信，目光一直看向远方，却忽略了脚下的道路应该一步一个脚印地走。

心态启示

　　从某种角度说，当自卑化成了谦虚，化成了上进的动力的时候，自卑又何尝不是一种自信呢？

第四章 善待自己，善待他人

人生无非是在你我他之间频繁交往，一切快乐和悲伤都发生在其中，学会站在不同的角度去理解他人、理解自己，以阳光的心态看待事物，善待他人，也要善待自己，快乐就会伴随一生。

第一节 你何必活得那么累

很多时候我们的劳累和烦恼是因为我们自己不能放松自己的心情，给自己施加了太多的压力，如果我们放松心情，减少内心的压力，生活就会变得美好。

"唉，活得太累了！"现今谁没有这样深深的疲惫？然而，在京城，有位88岁高龄的老太太却轻松悠闲地微笑着，用那略带合肥口音的普通话告诉我们，做个好人其实很简单："第一是不要拿自己的错误惩罚自己；第二是不要拿自己的错误惩罚别人；第三是不要拿别人的错误惩罚自己。"她笑笑，晃了晃扳起的3根手指，满脸都是返老还童的天真和曾经沧海的从容，"有这么3条，人生就不会太累……"多么朴素的心语啊！

道出这"人生幸福三诀"的老太太，名叫张允和。她可是位有来历的知识女性，她的夫君是著名的语言学家周有光，有人说："周有光的平和宁静与广阔深邃，会让你不由自主地联想到无边无际的大海。"她的妹夫是由她玉成美事的大文豪沈从文，史家更有斩钉截铁的定评："无瑕人品清于玉，不俗文章胜似仙。"而张允和本人，也曾颠沛流离，也曾死里逃生，是人生的苦难与坚信使她大彻大悟，道出了这"人生幸福三诀"。

"不要拿自己的错误惩罚自己"，扪心自问一下，人间有多少烦恼是自己同自己过不去？人非圣贤，孰能无过，如果一有过错，就终日沉陷在无尽的自责、哀怨、痛悔之中，那么，其人生的景况就会像泰戈尔所说的那样：不仅失去了正午的太阳，而且将失去夜晚的群星。

"不要拿自己的错误惩罚别人"，这样浅显的道理谁都明了，但知易行难。人们都会为自己的过错而痛悔，但不少人痛悔归痛悔，受伤的虚荣心却还要疯狂地寻找能够掩饰伤口的更大虚荣。于是，他就情不自禁地要去惩罚别人，而那些无辜地受到惩罚的"替罪羊"，或迟或早势必都要奋起自卫。这样"拿自己的错误惩罚别人"，人生岂能不累？因此，"不要拿自己的错误惩罚别人"，并不是一种很容易达到的境界，它需要"胸藏万壑凭吞吐"的大器量。

"不要拿别人的错误惩罚自己"，许多人也许骄傲地说，这不是对我的写照。然而，事实却显现出：未必！如果不拿别人的错误惩罚自己，那怎么会不时生发出这样一些邪念：他都敢贪污受贿，我又何必清廉自守？他都敢男盗女娼，我又何必故作清高？芸芸众生们，谁也不要嘴硬，我们何尝不会拿别人的错误惩罚自己呀！正是这种惩罚，使我们感到活得很累。

心态启示

> 这"幸福三诀"是对人生的领悟，是一种生活智慧，只有丰富的阅历、宽广的胸怀才能总结出。如果我们也以此来指导生活，相信一定能活得坦荡、从容。

第二节　要向最爱的人表示好意

不要等到某一时刻后，才想起应向最爱的人去表示好意。

一位青年即将大学毕业，数月前他看中了一种漂亮的跑车，知道父亲有能力给他买，就对父亲说他非常想在毕业时得到一辆那样的车。毕业临近，这位青年很希望看到父亲为他买车的迹象，但是，他失望了。

终于熬到毕业典礼的那一天清晨，父亲郑重地把他叫到自己的房间，对他说，父亲为有这么好的儿子感到骄傲，父亲非常爱他。

从一进门，他就紧紧盯着父亲手中拿着的那个漂亮的礼品盒。当他终于打开盒子时，却只看到里面装着一本精装的《人生指南》。

他失望至极，根本不想再打开那本书，就气愤地对父亲大喊："你有那么多钱，知道我想要什么，却为什么只送我这样一本书？"他扔下盒子，愤然离家而去。

很多年过去了，这位青年已成为一名成功的商人，有一所漂亮的房子和一个美满的家庭。当得知父亲已重病在身时，他心想必须尽快抽空去探望父亲。从毕业典礼那天起，他再也没有见过父亲。

当他终于安排时间准备去看父亲时，却接到电话说父亲刚刚去世。

他急忙赶到父亲的家，悲哀和悔恨涌上心头。他翻遍父亲的书房，终于找到了当年他扔掉的那个装有《人生指南》一书的盒子。他含着眼泪打开那本书，这时，从书中掉出一把汽车钥匙和一张卡片，卡片上写着"货款全部付清"，下面是他毕业典礼那天的日期。

心态启示

> 我想这种遗憾我们很多人都经历过，而且还有很多人将会经历。请您放弃这种愚蠢的想法——等到某一时刻后，我将要向最爱的人去表示好意。

第三节 把诱惑关在门外

诱惑无处不在，如果不能拒绝诱惑，心灵就会被魔鬼牵走。

传说中，有一双漂亮的红色舞鞋，女孩子把它穿在脚上，跳起舞来会感到更加轻盈、富有活力。谁都想穿上这双红舞鞋翩翩起舞，可是没有谁敢真的把它穿在脚上去跳舞。因为，据说红舞鞋还是一双具有魔力的鞋，一旦穿上跳起舞来就会永无休止地跳下去，直到耗尽舞者的全部精力为止。

有一个姑娘实在抵挡不住这双红舞鞋的魅力，悄悄地穿上红舞鞋跳起舞来。果然，她的舞姿更加轻盈、更富有激情、更加奔放。姑娘感到有舞之不尽的热情与活力。她穿着红舞鞋跳过街头巷尾、跳过田野乡村，她跳得青春美丽焕发，真是人见人爱、人见人美。姑娘自己也感到极大地满足和幸福，她不知疲倦地舞着。

夜幕在不知不觉之中降临了，观看姑娘跳舞的人群也都回家休息了。姑娘也开始感到了倦意，她想停止跳舞，可是，她无法停下脚步，因为红舞鞋还要跳下去。

姑娘跳到了陌生的森林，她害怕起来，想回温暖的家，可是红舞鞋还在不知疲倦地带着她往前跳，姑娘只得在黑暗中一面哭一面继续跳着。

最后，当太阳升起来的时候，人们发现姑娘安静地躺在一片青青的草地上，她的双脚又红又肿，姑娘累死了，她的旁边散落着那双永不知疲倦的红舞鞋。

从理智上来说，人们绝不会以生命为代价去追求个人事业上的短暂成功，可是人们还具有太多的不受理性控制的感情方面的因素。人生的道路上像红舞鞋这样的诱惑是随处可见、时时可见的。要面对它而能够做到心不为所动，行不为所乱，实在是很不容易的事情。

树上的果子有时候看上去很美、很诱人，可是一旦吃下去，就会让人在不知不觉中丧了命。

诱惑好比是一个美丽的陷阱，虽然表面草儿翠绿、花儿娇嫩，一脚踏进去，也许就永无出头之日了。

心态启示

很多时候，我们需要固守自己的心门，把诱惑关在门外。

第四节　割除心中嫉妒的毒瘤

树上没有两片相同的叶子，地上没有两个相同的人。正是因为每一样东西，每一个人都有各自的特点，这个世界才是今天的样子。

有位农夫养了一头驴和一只哈巴狗。驴子关在栏子里，虽然不愁温饱，却每天要到磨坊里拉磨，到山上去拉木材。一开始，驴没觉得有什么不妥。

但是，这样的日子过久了，驴子就不高兴了，它发现哈巴狗不仅不用拉磨、拉柴，每天只是演许多小把戏，就能博得主人的欢心。每次，这个小东西都能得到主人给的奖赏。

想到自己每天都得干那么重的活，不仅得不到奖励，还挨了不少鞭子，驴子就忍不住流下了伤心的眼泪。它一边哭一边抱怨命运对自己的不公平。

有一天，驴子终于想到了个好办法。主人不是喜欢哈巴狗在他面前又蹦又跳的表演吗？那有什么特别呢？我也可以嘛！驴子决定向哈巴狗学习，它扭断缰绳，跑进主人的房间，学哈巴狗那样围着主人跳舞。

主人看着驴子又蹬又踢，撞翻了桌子，摔碎了碗碟，吓得不得了。主人心想它大概是疯了，他哪里知道驴子心里想的是什么呢。驴子还觉得不够，它居然趴到主人身上去舔他的脸，把主人吓坏了，直喊救命。大家听到喊叫急忙赶到，制服了那个疯狂的驴子。

可怜的驴子，正等着奖赏，没想到反挨了一顿痛打，被重新关进栏子。

嫉妒是发生在自己所熟悉的圈子里的，我们普通的老百姓不会去嫉妒亿万富翁取得的财富，但我们却不能容忍周围的人超过我们半步。嫉妒使我们放弃对自身利益的关注，别人的优势恰好照到我们的不足。嫉妒使我们的思想禁闭起来，没有一个开放的头脑，就不可能产生良好的吸收效果，结果是：除了怨恨，我们变得一无所有。

心态启示

> 每个人都有各自的特点，都有自己适合的工作，也有不适合的工作，看人家做得好，自己未必能行。与其东施效颦，不如专心致志做好自己分内的事，做个行业中的佼佼者。

第五节　今生与来世

现实的花朵胜过缥缈的虚幻，今生与来世有过一段对白。今生："唉！不知为什么，我把如此丰富多彩的生活给了人类，可是人们往往对我产生不满，特别是当他们遇到挫折和不幸时，往往厌恶我却有求于你。"

来世："嘻嘻！谁让你那么实在呢？你看我，虚无缥缈，似有似无，人们都听说我，却没有一个人真正见过我。"

今生："是呀，到现在我也没见过你，不知你是一个真实的存在，还是一个梦幻的影子。"

来世："假如说虚幻的影子也是一种存在的话，我只是存在于你的生命中的一个虚幻的存在。"

今生："我明白了，你是没有。"

来世："对。可是人们以为我什么都可以给他们。当一对恋人长相思而不能长相依时，他们乞求我的成全，从而放弃了在你那里的努力；当一个人一生碌碌无为穷困潦倒时，他企图在我这里寻求到美好的前景，而不愿在你那里奋起直追；当一个女人为做了女人而感到痛苦不堪时，她乞求在我这里变成男人……对于这些乞求，我当然默然应允。"

今生："这就是你的不对了。你办不到的事情，为什么要答应呢？"

来世："连我自己都是虚无的存在，我答应的东西，难道和不答应的有什么不同吗？"

今生："好了，好了，你这貌似存在实则虚无的来世，你这貌似美好实则丑陋的家伙，我明白你了，你这迷惑人的魑魅！"

来世："……"

今生："但愿天下善良的人们，不要再把美好的愿望寄托于来世了。只有在今生，也就是我这里努力，才是真正的智者呀。"

心态启示

当人们在今生现实生活中遇到挫折和不幸时，往往把一切的希望寄托于来世，似乎只有来世才是美好的，人们今生不能实现的愿望，似乎在来世能一一得以实现。岂不知现实的花朵，总是比缥缈的虚幻来得永久。

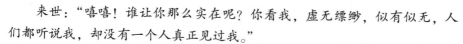

好心态是这样培养出来的

第六节　给予比接受更令人快乐

当我们给别人笑脸时，我们也能得到笑脸，给别人快乐就是给自己快乐，善待别人其实就是善待自己。

这一年的圣诞节，富家子弟彼得从他哥哥那里得到了一辆作为圣诞节礼物的新车。圣诞节的前一天，彼得从他的办公室出来时，看到一名男孩正在他那辆闪闪发亮的新车旁走来走去，并时不时地触摸它，满脸羡慕的神情。

彼得饶有兴趣地看着这个小男孩，从他的衣着来看，他的家庭显然不属于有钱的阶层，就在这时，小男孩抬起头问道："先生，这是你的车吗？"

"是啊，"彼得说，"我哥哥给我的圣诞节礼物。"

小男孩睁大了眼睛："你是说，这是你哥哥给你的，而你不用花一分钱？"

彼得点点头。小男孩说："哇！我希望……"

彼得认为他知道小男孩希望的是什么，肯定自己也有一个这样的哥哥该多好啊！但小男孩说出的却是："我希望自己也能当这样的哥哥。"

彼得深受感动地看着这个男孩，然后他问："要不要坐我的新车去兜风？"

小男孩惊喜万分地答应了。

逛了一会儿之后，小男孩转身向彼得说："先生，能不能麻烦你把车开到我家前面？"

彼得微微一笑，他理解小男孩的想法：坐一辆大而漂亮的车子回家，在小朋友的面前是很神气的事。但他又想错了。

"麻烦你停在两个台阶那里，等我一下好吗？"

小男孩跳下车，三步两步跑上台阶，进入屋内，不一会儿他出来了，并带着一个显然是他弟弟的小孩，他因患小儿麻痹症而跛着一只脚。

他把弟弟安置在下边的台阶上，紧靠着坐下，然后指着彼得的车子说："看见了吗？就像我在楼上跟你讲的一样，很漂亮对不对？这是他哥哥送给他的圣诞礼物，他不用花一分钱！将来有一天我也要送你一部和这一样的车子，这样你就可以看到我一直跟你讲的橱窗里那些好看的圣诞节礼物了。"

彼得的眼睛湿润了，他走下车子，将小弟弟抱到车子的前排座位上，他的哥哥眼睛里闪着喜悦的光芒，也爬了上来。于是，三人开始了一次令人难忘的假日之旅。

在这个圣诞节，彼得明白了一个道理：给予比接受真的令人更幸福快乐。

心态启示

其实有许多时候，给予也是一种人生经营之道，舍得舍得，只有舍去，才能得到。很多时候，给予别人快乐，其实就是给予自己幸福。

第七节　快乐人生的智慧箴言

人生无非是在你我他之间频繁交往，一切快乐和悲伤都发生在其中，学会站在不同的角度去理解他人、理解自己，以阳光的心态看待事物，快乐就会伴随一生。

一个16岁的少年去拜访一位年长的智者，问："我如何才能变成一个自己快乐，也能够带给别人快乐的人呢？"

智者看了看他，笑着说："孩子，在你这个年龄有这样的愿望，已经是很难得了。很多比你年长很多的人，一辈子也许都没有你这样的愿望……"

智者接着说："我送给你四句话。第一句话就是把自己当成别人。你能说说这句话的含义吗？"

少年回答说："是不是说，在我感到痛苦忧伤时，就把自己当成是别人，这样痛苦就自然减轻了；当我欣喜若狂时，把自己当成别人，那样狂喜也会变得平和一些？"

智者微微点头，接着说："第二句话把别人当成自己。"

少年沉思了一会儿，说："是不是这样就可以真正同情别人的不幸、理解别人的需求，并且在别人需要的时候给予恰当的帮助？"

智者两眼发光，继续说道："第三句话：把别人当成别人。"

少年说："这句话的意思是不是说，要充分地尊重每个人的独立性，在任何情形下都不可侵犯他人的核心领地？"

智者哈哈大笑："很好，很好。孺子可教也！第四句话是把自己当成自己。这句话理解起来太难了，留着你以后慢慢品味吧。"

少年说："这句话的含义，我是一时体会不出。但这四句话之间就有许多自相矛盾之处，我用什么才能把它们统一起来？"

智者说："很简单，用一生的时间和经历。"

少年沉默了很久，然后叩首告别。

后来，少年变成了中年人，又变成了老人。再后来在他离开这个世界很久以后，人们都还时时提到他的名字。人们都说他是一位智者，因为他是一个快乐的人，而且也给每一个同他交往过的人带来了快乐。

心态启示

学会理解，就学会了快乐。

第八节　每个细节都有幸福与快乐

痛苦神看到快乐神一天到晚快乐不已，感到既嫉妒又痛苦，就到上帝面前说快乐神的坏话。

然后，痛苦神按上帝的旨意，惩罚快乐神天24小时一刻不停地把巨石推到山顶。只有巨石推到山顶后，快乐神才能得以解脱惩罚，而事实上，这块巨石是任何人都推不上山顶的。巨石每次被快乐神从山脚推到山腰，就滚下山来，快乐神每次都得再从头推起。

"你现在还快乐吗？"看着汗流浃背的快乐神，痛苦神幸灾乐祸地问道。

"我快乐！"快乐神想也没想就这样说。

快乐神的回答完全出乎痛苦神的意料，痛苦神反驳道："你说谎！你明明在痛苦地推着巨石，却还说快乐！"

快乐神满头大汗地推着巨石，腾出一只手来从怀里抓出一只蝴蝶，双眼充满了喜悦说："你瞧，我昨天推巨石时抓到一只蝴蝶，一只从未见过的漂亮蝴蝶，你说我能不快乐吗？"

痛苦神闻言疑惑不解，感到痛苦异常。快乐神解释说："人生的幸福快乐，不在于你拥有什么或正在做什么，而在于细节的把握。每个细节都有幸福与快乐啊！"

痛苦神把所有这些告诉了上帝，上帝感叹道："这是谁也管不了、夺不走的幸福啊！"

最后，上帝想了想，终于释放了快乐神。

心态启示

> 人生的意义在于过程，人生的幸福在于细节。乐观者在每次危难中都看到了机会，而悲观的人在每个机会中都看到了危难。一个人有什么样的心态，就决定了他会有什么样的生活状态。

第九节　别把梦想带进坟墓

有了梦想就要努力去实现，否则，梦想就有可能被带入坟墓。

五官科病房里同时住进来两位病人，都是鼻子不舒服。在等待化验结果期间，甲说，如果是癌，立即去旅行，首先去拉萨。乙也同样如此表示。结果出来了，甲得的是鼻癌，乙长的是鼻息肉。

甲列了一张告别人生的计划表离开了医院，乙住了下来。

甲的计划表是：去趟拉萨和敦煌；从攀枝花坐船一直到长江口；到海南的三亚以椰子树为背景拍一张照片；在哈尔滨过一个冬天；从大连坐船到广西的北海；登上天安门，读完莎士比亚的所有作品；力争听一次瞎子阿炳原版的《二泉映月》；写一本书。凡此种种，共27条。

他在这张生命的清单后面这么写道：我的一生有很多梦想，有的实现了，有的由于种种原因没有实现。现在上帝给我的时间不多了，为了不留遗憾地离开这个世界，我打算用生命的最后几年去实现还剩下的这27个梦。

当年，甲就辞掉了公司的职务，去了拉萨和敦煌。第二年，又以惊人的毅力和韧性通过了成人考试。这期间，他登上过天安门，去了内蒙古大草原，还在一户牧民家里住了一个星期。现在这位朋友正在实现他出一本书的夙愿。

有一天，乙在报上看到甲写的一篇散文，打电话去问甲的病。

甲说："我真的无法想象，要不是这场病，我的生命该是多么得糟糕。是它提醒了我，去做自己想做的事，去实现自己想去实现的梦想。现在我才体味到什么是真正的生命和人生。你生活得也挺好吧？"

乙没有回答，因为在医院时说的，去拉萨和敦煌的事，早已因患的不是癌症而放到脑后去了。

心态启示

> 在这个世界上，其实每个人都患有一种癌症，那就是不可抗拒的死亡。我们之所以没有像那位患鼻癌的人一样，列出一张生命的清单，抛开一切多余的东西，去实现梦想，去做自己想做的事，是因为我们认为自己还会活得更久，所以不着急去做。
>
> 然而也许正是这一点量上的差别，使我们的生命有了质的不同：有些人把梦想变成了现实，有些人把梦想带进了坟墓。

第十节 岂能用生命换来金钱

人为财死！是贪欲最终把很多人推向了灭亡，甚至把最亲密的朋友变成了最残酷的敌人。

一天傍晚，两个非常要好的朋友在林边散步。这时，一位樵夫惊慌失措地从树林中跑了出来，两位朋友见状，便问那樵夫："你为何这样惊慌失措，到底碰到了什么？"

樵夫忐忑不安地说："我正在移植一颗小树苗，却突然挖出了一坛黄金！"

两个人感到好笑："这人真蠢！挖出了黄金，还被吓得魂不附体，真是太有意思了!"

"你在哪里发现的?告诉我们吧,我们不害怕!"两人喜不自禁。

樵夫说:"这东西会吃人的,难道你们不怕?"

两人异口同声地说:"不怕,你就赶快告诉我们黄金在什么地方吧!"

樵夫说:"就在树林最西边的那棵小树下面。"两个朋友立刻找到那个地方,果然发现了一坛金子。

两个人一见到黄金,不禁眉开眼笑:"黄金会吃人?哈哈!哈哈!"

"别管那么多了,我们还是想办法把这坛黄金运回去吧。"其中一个人说,"不过现在把它运回去不太安全,还是等会儿再说吧。我留在这里看着,你去拿些饭菜来,我们在这里吃完饭,然后等到半夜再把黄金运回去。"另外一个人就去准备饭菜了。

留下的那个人心想:"要是这些黄金都归我所有该多好呀!等他回来,我就一木棒把他打死,把他埋在这个树坑里,没有人会知道,这些黄金自然就全归我了。"

回去的那个人也在想:"我回去先吃饱饭,然后在他的饭里下些毒药。他一死,把他埋在树坑里,谁也不知道,黄金就全是我的了。"

那位朋友提着饭菜刚到树林里,就被另一个人从背后狠狠地用木棒打死了,然后把他拖到了树坑里。然后那个人说道:"亲爱的朋友,是黄金逼迫我这样做的。"

然后那个人就拿起送来的饭菜,狼吞虎咽地吃了起来。没过多久,他感觉肚子里像火烧一般,他知道自己中毒了,临死的时候他说:"樵夫说的话真的应验了!我当初怎么就没想明白呢?"说完,也倒在了树坑里。

等樵夫再次来到这里时,看到了这一幕,叹了口气:"我说的话你们不信,现在信了吧。"然后连同那坛黄金一起埋在了树坑里,并在上面栽了棵树苗。"安息吧,这棵树一定会长得很旺。"

心态启示

金钱固然重要,但失去生命换来的金钱还有什么意义呢?

第十一节 懂工作也要懂休息

只有懂得工作又懂得休息的人，生活才会更有意义，工作也才会更有效率。

一个过路人问路边一个卖鬼的人："你的鬼，一个卖多少钱?"

卖鬼的人说："一个要200两黄金!"

"你这是搞什么鬼? 要这么贵!"

卖鬼的人说："我这是一只巧鬼。任何事情，只要主人吩咐，他全都会做。他特爱工作，一天的工作量抵得上100人。你买回去只要很短的时间，就可以成为富翁啦!"

过路人感到疑惑："这只鬼既然那么好，为什么你不自己使用呢?"

卖鬼的人说："不瞒您说，这鬼万般皆好，唯一的缺点是只要开始工作，就永远不会停止。因为鬼不像人，是不需要睡觉休息的，所以您要24小时，从早到晚把所有的事吩咐好，不可以让它有空闲，只要一有空闲，它就会完全按照自己的意思工作。我自己家里的活儿有限，不敢使这只鬼，才想把它卖给更需要的人!"

过路人心想自己的田地广大，家里有忙不完的事，就说："这哪里有缺点，实在是最大的优点呀!" 于是花200两黄金把鬼买回家，成了鬼的主人。

主人叫鬼种田，没想到一大片地，2天就种完了。主人叫鬼盖房子，没想到3天房子就盖好了。主人叫鬼做木工装潢，没想到半天房子就装潢好了。

整地、搬运、挑担、舂磨、炊煮、纺织，不论做什么，鬼都会做，而且很快就做好了。短短1年，鬼主人就成了大富翁。

但是，主人和鬼变得一样忙碌，鬼总是做个不停，主人则总是想个不停。他劳心费神地苦心下一个指令，每当他想到一个困难的工作，例如在一个核桃里刻10艘小舟，或在象牙球里刻9个象牙球，他都会欢喜不已，以为鬼要很久才会做好。没想到，不论多么困难的事，鬼总是很快就做好了。

有一天，主人实在撑不住，累倒了，忘记吩咐鬼要做什么事。于是，这个闲不住的鬼自己开始忙碌了，它把主人的房子拆了，将地整平了，把牛羊牲畜都杀了，一只一只地种在田里，将财宝衣服全部捣碎，磨成粉末……

正当鬼忙得不可开交时，主人从睡梦中惊醒，发现一切都没有了。

原来，永远不停止地工作，也是人生的一大缺点呀！人的一生要懂得工作也要懂得休息，否则非累死不可。

心态启示

> 别以为不停地工作是一种成功的前兆，是一种人生的优点。其实，工作与休息是相得益彰的，而且，工作的同时，还需要有时间去思考。

第十二节 原来他们也曾自卑

自卑是可以彻底摆脱的，每个人都曾有过自卑，有过徘徊迷茫之时，自卑不可怕，关键看你能否彻底摆脱自卑。

十几年前，他从一个仅有20多万人口的北方小城考进了北京的大学。上学的第一天，与他邻桌的女同学第一句话就是她问他："你从哪里来？"而这个问题正是他最忌讳的，因为在他的逻辑里，出生于小城，就意味着小家子气，没见过世面，肯定会被那些来自大城市的同学瞧不起。

就因为这个女同学的问话，他一个学期都不敢和同班的女同学说话，以致一个学期结束的时候，很多同班的女同学都不认识他！

很长一段时间，自卑的阴影占据着他的心灵，最明显的体现就是每次照相，他都要下意识地戴上一个大墨镜，以掩饰自己的内心。

20年前，她也在北京的一所大学里上学。

大部分日子，她也都在疑心、自卑中度过。她疑心同学们会在暗地里嘲笑她，嫌她肥胖的样子太难看。她不敢穿裙子，不敢上体育课。大学结束的时候，她差点儿毕不了业，不是因为功课太差，而是因为她不敢参加体育长跑测试。

老师说："只要你跑了，不管多慢，都算你及格。"

可她就是不跑。她想跟老师解释，她不是在抗拒，而是因为恐慌：自己肥胖的身体跑起步来一定非常的愚笨，一定会遭到同学们的嘲笑。

可是，她连向老师解释的勇气也没有，茫然不知所措，只能傻乎乎地跟着老师走。老师回家做饭去了，她也跟着。最后老师烦了，勉强算她及格。

在曾经播出的一个电视晚会上，她对他说："要是那时候我们是同学，可能是永远不会说话的两个人。你会认为，人家是北京城里的姑娘，怎么会瞧得起我呢？而我则会想，人家长得那么帅，怎么会瞧得上我呢？"

他，现在是中央电视台著名节目主持人，经常对着全国几亿电视观众侃侃而谈，他主持节目给人印象最深的特点就是从容自信。他的名字叫白岩松。

她，现在也是中央电视台著名节目主持人，而且是第一个完全依靠才气而丝毫没有凭借外貌走上中央电视台主持人岗位的。她的名字叫张越。

喔——原来是他们，原来他们也会自卑，原来自卑是可以彻底摆脱的，每个人都曾有过自卑，有过徘徊迷茫之时，自卑不可怕，关键看你能否彻底摆脱自卑。

心态启示

> 许多成功的人在青少年时期都有过自卑心理，其实自卑并不可怕，可怕的是你始终不能摆脱自卑，只要摆脱自卑，一样能获得事业的成功和人生的幸福。

第五章　欣赏自己，鼓励自己

学会鼓励自己，为自己的每一次小小的成功和进步鼓掌，以增强自己的信心，我们的道路就会走得更顺畅，脚步就会迈得更轻快，目标就会更接近，成功和快乐就会伴随我们每一天。

第一节　别害怕自己被看低

自信是成功的重要因素，只要相信自己的能力和力量，并付诸努力和行动，就能战胜困难，赢得成功和快乐。

他是一位留美的计算机博士，毕业后想在美国找一份工作。由于自己是博士，所以找工作的时候，净挑一些职位高的，职位太低了他总觉得没面子。就这样跑了许多天，终究没有结果。

一天晚上，他思来想去，突然决定改变求职的方法。

第二天，他来到一家职业介绍所作了登记。不过，他没有出示任何学位证明，他要以最低的身份碰碰运气。

出乎意料的是，没过几天，就接到职介所的通知：他被一家公司录用了，职位是程序输入员。

对一个计算机博士来说，这个职位简直是用"高射炮打蚊子"，太大材小用了。不过，他知道这份工作来得并不容易，所以干得一丝不苟。

没过多长时间，老板就发现这个小伙子非一般的程序输入员可比。因为他能看出程序中不易察觉的错误。这个时候，他亮出了学士证，老板看了看，就给他换了个对应的职位。

又过了几个月，老板又觉得这个小伙子远比一般的大学生高明，因为他时常能提出许多独到的，而且非常有价值的建议。这个时候，他亮出硕士证，老板瞥了一眼，就立刻提拔了他。

又过了半年，老板觉得他还是和别人不一样，他几乎能解决工作中遇到的所有技术难题。于是，老板破例请他到自己家喝酒。在老板的一再盘问下，他说自己是个计算机博士，因为工作不好找，就隐瞒了。第二天上班，老板就宣布了他的新职位。他还没有来得及出示计算机博士证，就成了公司的副总裁了。

心态启示

一个人活在世上，别人对你的能力有个基本的判断，但往往不是看得过高、就是过低，很少有恰如其分的时候。看得高了，容易满足虚荣心；看得低了，似乎很难受。不管别人高看也好，低看也罢，把握机遇，关键是自己要看准自己，这就是"人贵有自知之明"。低也好，高也好，都要活出自信和忍耐。

第二节 没有比脚更长的路

在人们的心目中，总觉得路途是遥远的，其实他们根本就不知道——"没有比脚更长的路，没有比人更高的山"这个再浅显不过的道理。

古老的阿拉比王国坐落在大漠深处，多年的风沙肆虐，使昔日富饶的城市变得满目疮痍，城里的人越来越少。国王意识到了危机。

一天，国王将4个王子召集到一起，对他们说："我打算将国都迁往美丽而富饶的卡伦。"

"卡伦离这里很远很远，要翻过许多崇山峻岭，要穿过草地、沼泽地，还要涉过很多大河，但离这里究竟有多远，没有人知道。"国王说。

国王看了看他们继续说："我决定让你们4个分头前往探路。"

4个王子都惊异于国王的决定，但他们还是服从了命令，带上充足的物品出发了。

大王子乘车走了8天，翻过4座大山，来到一望无际的草地，他一问当地人，才知过了草地，还要过沼泽，还要过大河、雪山。他想到路途如此艰难和遥远，于是停止了前进。

二王子策马穿过一片沼泽后，被一条宽阔的大河挡住了去路，望着奔涌的河水，他也掉转了马头。

三王子漂过了2条大河，却又走进了一望无际的大漠，在茫茫的沙漠中，他茫然不知所措，于是开始搜寻着回来的路。

1个月后，3个王子陆陆续续回到国王身边，将各自沿途所见报告给国王，并都再三强调，他们经历了很多艰难，也在路上问过很多人，也都告诉他们去卡伦的路很远很远。

又过了6天，小王子风尘仆仆地回来了，他兴奋地向父亲报告——到卡伦只需18天的路程。

国王满意地笑了："孩子，你说得很准，其实我早就去过卡伦了。"

几个王子不解地望着国王——那为什么还要派我们去探路？

国王一脸郑重地说道："我只想告诉你们4个字——脚比路长。"

心态启示

世上就没有人解决不了的问题，没有人做不到的事，碰到困难也是一样。

第三节 困境都有其存在的正面价值

老天是公平的，当他给了你一项长处时，同时也给了你一项短处。你只需发挥你的长处就是了，不必去抓住短处不放。

有一天，有动物之王之称的老虎，来到了天神面前："我很感谢你赐给我如此雄壮威武的体格、如此强大无比的力气，让我有足够的能力统治这整座森林。"

天神听了，微笑着问："但是这不是你今天来找我的目的吧！看起来你似乎因某事而困扰呢！"

老虎轻轻吼了一声，说："天神真是了解我啊！我今天来的确是有事相求。因为尽管我的能力再好，但是每天鸡鸣的时候，我总是会被鸡鸣声给吓醒。神啊！祈求您，再赐给我一个力量，让我不再被鸡鸣声给吓醒吧！"

天神笑道："你去找大象吧，它会给你一个满意的答复的。"

老虎兴冲冲地跑到湖边找大象，还没见到大象，就听到大象踩脚所发出的"砰砰"响声。

老虎加速地跑向大象，却看到大象正气呼呼地踩脚。

老虎问大象："你干吗发这么大的脾气？"

大象拼命摇晃着大耳朵，吼着："有只讨厌的小蚊子，总想钻进我的耳朵里，害我都快痒死了。"

老虎离开了大象，心里暗自想着："原来体型这么巨大的大象，还会怕那么瘦小的蚊子，那我还有什么好抱怨呢，毕竟鸡鸣也不过一天一次，而蚊子却是无时无刻地骚扰着大象。这样想来，我可比他幸运多了。"

老虎一边走，一边回头看着仍在踩脚的大象，心想："天神要我来看看大象的情况，应该就是想告诉我，谁都会遇上麻烦事，而他并无法帮助所有人。既然如此，那我只好靠自己了。反正以后只要鸡鸣时，我就当做鸡是在提醒我该起床了，如此一想，鸡鸣声对我还算是有益处呢？"

心态启示

> 在人生的路上，无论我们走得多么顺利，但只要稍微遇上一些不顺的事，就会习惯性地抱怨老天亏待我们，进而祈求老天赐给我们更多的力量，帮助我们渡过难关。实际上，老天是最公平的，就像他对狮子和大象一样，每个困境都有其存在的正面价值。

第四节 靠自己的力量实现梦想

每个人都有自己的潜在能力，只要努力去做事，发挥出自己的能力，你就会走向成功。

特维斯有幸在年少时，便学会了自立自强。他父亲在第二次世界大战

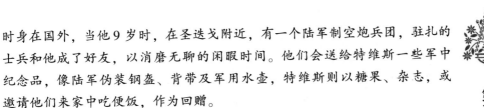

时身在国外，当他9岁时，在圣迭戈附近，有一个陆军制空炮兵团，驻扎的士兵和他成了好友，以消磨无聊的闲暇时间。他们会送给特维斯一些军中纪念品，像陆军伪装钢盔、背带及军用水壶，特维斯则以糖果、杂志，或邀请他们来家中吃便饭，作为回赠。

特维斯永难忘怀那一天，他回忆道：

那天我的一位士兵朋友说："星期天上午5点，我带你到船上钓鱼。"

我雀跃不已，高兴地回答："哇哈！我好想去那儿，我甚至从未靠近过一艘船，我总是在桥上。从前，眼看着一艘艘船开往海中，真令人美慕！我总是梦想，有一天我能在船上钓鱼。噢，太感谢你了！我要告诉妈妈，下星期六请你过来吃晚饭。"

周六晚上我兴奋地和衣上床，为了确保不会迟到，我还穿着网球鞋。我在床上无法入眠，幻想着海中的石斑鱼和梭鱼在天花板上游来游去。清晨3点，我爬出卧房窗口，备好渔具箱，另外还带上备用的鱼钩及鱼线，将钓竿上的轴上好油，带了两份花生酱和果酱三明治。4点整，我就准备出发了。钓竿、渔具箱、午餐及满腔热情，一切就绪——坐在我家门外的路边，摸黑等待着我的士兵朋友出现，但他失约了。

那可能就是我一生中，学会要自立自强的关键时刻。

我没有因此对人的真诚产生怀疑或自怜自艾，也没有爬回床上生闷气或懊恼不已，或向母亲、兄弟姊妹及朋友诉苦，说那家伙没来，失约了。相反的，我跑到附近汽车戏院空地上的售货摊，花光我帮人除草所赚的钱，买了那艘上星期在那儿看过、补缀过的单人橡胶救生艇。近午时分，我才将橡皮艇吹满气，我把它顶在头上，里头放着钓鱼的用具，活像一个原始狩猎队。

我摇着桨，滑入水中，假装我将启动一艘豪华大油轮，驶向海洋。我钓到一些鱼，享受了我的三明治，用军用水壶喝了些果汁，这是我一生中最美妙的日子之一。那真是生命中的一大高潮。

特维斯经常回忆那天的光景，沉思所学到的经验，即使是在9岁那样稚嫩的年纪，他也学到了宝贵的一课："首先学到的是，只要鱼儿上钩，世上便没有任何值得烦心的事了。而那天下午，鱼儿的确上钩了！其次，士兵朋友教给我光有好的意图并不够。士兵朋友要带我去，也想着要带我去，但他并未赴约。"

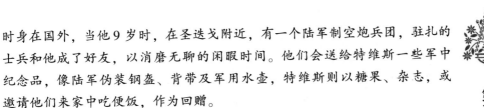

第五章　欣赏自己，鼓励自己

然而对特维斯而言，那天去钓鱼，却是他最大的希望，他立即着手设定计划，使愿望成真。特维斯极有可能被失望的情绪所击溃，也极可能只是回家自我安慰："你想去钓鱼，但那位兵哥哥没来，这就算了吧！"

相反的，他心中有个声音告诉他：仅有欲望不足以得胜，我要立刻行动，要自立自强，自己开发属于自己的那一片沃土——潜能。

心态启示

> 开发自己的潜能，靠自己的力量，努力去实现自己的梦想，任何人都不会对你失望！

第五节　认识自己，才能成就自己

认清楚了自己，知道什么该做什么不该做，成功就离你不远了。

原一平的身高只有145厘米，貌不惊人，可是在日本的寿险业里，他是一位响当当的人物。他因为连续15年保持了全国业绩第一，所以被尊称为"推销之神"。

他从小个性叛逆顽劣，曾经用小刀刺伤了老师。7岁时，他穷得连中餐都吃不起，并露宿在公园。所有亲朋好友都认为他是个没有希望的"废人"。在他27岁时，一位老和尚的一席话改变了他的一生。

有一天，他向一位老和尚招揽保险，老和尚说："听完你的介绍后，丝毫引不起我投保的意愿。"

老和尚注视原一平良久，接着又说："人与人之间，像这样相对而坐的时候，一定要具备一种强烈吸引对方的能力，如果你做不到这一点，将来就没什么前途可言。"

原一平哑口无言，冷汗直流。

老和尚又说："年轻人，快去改造自己吧！要改造自己首先必须认清自己，你知不知道自己是一个什么样的人？你在替别人考虑保险之前，必须先反省自己、认识自己，然后才能成就自己！"

"反省自己？认识自己？"

"是的！赤裸裸地注视自己，毫无保留地彻底反省，然后才能认识自己。"

老和尚的这一席话，就像当头棒喝，一棒就把原一平打醒了，他从此坐禅修行，大彻大悟，成为一个成功的人。

心态启示

"认清自己"被公认为是希腊哲人最高智慧的结晶。一个不断经由认识自己、批判自己而改造自己的人，智慧才有可能渐趋圆熟而迈向成功之道。这正是原一平真正的成功之道。

第六节 我可以，你为什么不行

用自己的行动去感染一个人，他就很容易幡然醒悟。

一天，一个很体面的人来到一个破旧的庭院。他西装革履、气度不凡，跟那些自信、自重的成功人士一样，美中不足的是，这人只有一只左手，后边是一条空空的衣袖，一荡一荡的。

这人俯下身用一只独手拉住有些老态的女主人说："如果没有你，我还是个乞丐，可是现在，我是一家公司的董事长。"

"夫人，你让我知道了什么叫人，什么是人格。今天我要接你住进城里一幢新房子，那房子是你教育我应得的报酬！"

但妇人已记不得他了，于是董事长谈起了往事：

原来，这位董事长以前曾是一个无助的乞丐。一天，他来到一个庭院，向女主人乞讨。这个乞丐很可怜，他的右手连同整条手臂都断掉了。空空的袖子晃荡着，让人看了会替他难过，碰上谁都会慷慨施舍的，可是女主人毫不客气地指着门前一堆砖对乞丐说："你帮我把这砖搬到屋后去吧。"

乞丐生气地说："我只有一只手，你还忍心叫我搬砖。不愿给就不给，何必捉弄人呢？"

女主人并不生气，俯身搬起砖来。她故意只用一只手搬了一趟说："你看，并不是非要两只手才能干活。我能干，你为什么不能干呢？"

乞丐怔住了，他用异样的目光看着妇人，尖突的喉结像一枚橄榄上下滑动了两下，终于他俯下身子，用他那唯一的一只手搬起砖来，一次只能搬2块。他整整搬了2个小时，才把砖搬完，累得气喘如牛，脸上有很多灰尘，头发被汗水打湿了，凌乱地贴在他的额头上。

妇人递给乞丐一条雪白毛巾。乞丐接过去，很仔细地把脸和脖子擦一遍，白毛巾变成了黑毛巾。

妇人又递给乞丐20元钱。乞丐接过钱，很感激地说："谢谢你。"

妇人说："你不用谢我，这是你自己凭力气挣的工钱。"

乞丐说："我不会忘记你的，这条毛巾也留给我作纪念吧。"说完他深深地鞠一躬，就上路了。

"我能干，你为什么不能呢？"这句话使这个乞丐走上了自强求生的道路，并取得了不凡的成就。

一听完他的叙述，妇人终于笑了："那你就把房子送给连一只手都没有的人吧。"

心态启示

是的，所有的哲学家对人格的认同都是一致的：第一是劳动，第二是思考。可是我们放眼望去，或者巡视周遭，是不是每个人都具备这两条基本品格呢？那些为人父母者是不是清晰地知道孩子在成人之前应该教给他什么呢？

第七节　他只成功了两次

一个人想干成任何大事，都要能坚持下去，只有这样才能取得最后的成功。

1832年，林肯失业了，这显然使他很伤心，但他下决心要当政治家，当州议员。可怜的是，他既无经济实力又没有什么名气，当然竞选失败了。在一年里遭受两次打击，这对他来说无疑是痛苦的。

为了能够在以后的竞选中处于有利地位，接着林肯着手自己开办企业，可一年不到，这家企业又倒闭了，在以后的一年多的时间里，他不得不为偿还企业倒闭时所欠的债务而到处奔波，历尽磨难。

随后，林肯再一次决定参加竞选州议员，这次他成功了。他内心萌发了一丝希望，认为自己的生活有了转机："可能我要在政坛上平步青云了！"

1835年，他订婚了。未婚妻在仕途上帮他出谋划策，在感情上更是他的精神支柱。但就离结婚还差几个月的时候，未婚妻染病不幸去世。这对他精神上的打击实在太大了，他心力交瘁，数月卧床不起。1836年，他得了神经衰弱症。

1838年，林肯觉得身体状况良好，于是决定竞选州议会议长，但他失败了。1843年，他又参加竞选美国国会议员，但这次仍然没有成功。

林肯虽然一次次地尝试，但却是一次次地遭受失败：企业倒闭、情人去世、竞选败北。要是你碰到这一切，你会不会放弃——放弃这些对你来说重要的事情？

林肯是一个聪明人，他具有执著的性格，他没有放弃，也没有想"失败会怎样？"1846年，他又一次参加竞选国会议员，最后终于当选了。

2年任期很快过去了，他决定要争取连任。他认为自己作为国会议员表现是出色的，相信选民会继续选举他，但结果很遗憾，他落选了。

为了这次竞选他赔了一大笔钱，林肯申请当本州的土地官员。但州政府把他的申请退了回来，作出的解释是："作本州的土地官员要求有卓越的才能和超常的智力，你的申请未能满足这些要求。"

接连又是两次失败。

在这种情况下你会坚持继续努力吗？你会不会说："我失败了？"然而，作为一个聪明人，林肯没有服输。1854年，他竞选参议员，但失败了；2年后他竞选美国副总统提名，结果被对手击败；又过了2年，他再一次竞选参议员，还是失败了。

林肯尝试了11次，可只成功了2次，一直没有放弃自己的追求，一直在做自己生活的主宰，他注定要成为一个伟人。1860年，他终于当选为美国总统。

亚伯拉罕·林肯的遭遇你我都曾经历。因为他是一个聪明人，面对困难，他没有退却、没有逃跑，而是坚持着、奋斗着。他压根就没有想过要放弃努力，他不愿放弃，所以他成功了。

好心态是这样培养出来的

> 其实，一个人克服一点困难也许并不难，但是难的是能否持之以恒地做下去，如果你能够做到持之以恒，那么你就已经不同凡响了，获得成功是早晚的事情。

第八节　理想和现实常会有差异

理想与现实总是有差异的，遇到挫折时不要气馁，坚定信心，笑对挫折，继续努力，就能战胜困难，走向最后的胜利。

从前，在某个山冈上，3 棵小树苗站在上面，梦想长大后的光景。

第一棵树苗仰望天空，看着闪闪发光的繁星。"我要承载财宝，"它说，"要被黄金遮盖，载满宝石。我要成为世上最美丽的藏宝箱！"

第二棵树苗低头看着流往大海的小溪。"我要成为坚固的船，"它说，"我要遨游四海，承载许多强大的国王，我将成为世上最坚固的船！"

第三棵树苗看着山谷上面，以及在市镇里忙碌来往的男女，"我要长得够高大，以至人们抬头看我时，也将仰视天空，想到神的伟大，我将成为世上最高的树！"

许多年过去了，经过日晒雨淋之后，树苗皆已长大。

一天，伐木者们来到山上。

第一位伐木者看到第一棵树说："这一棵树很美，最合我意。"于是利斧一挥，第一棵树倒下了。"我要成为一只美丽的藏宝箱，"第一棵树想，"我将承载财富。"

第二位伐木者看着第二棵树说："这一棵树很强壮，最合我意。"利斧一挥，第二棵树倒了下来。"现在我将遨游四海，"第二棵树想，"我将成为坚固的船，承载许多君王！"

当第三位伐木者朝第三棵树看时，它的心顿时下沉，它直立在那里，勇敢地指向天空。但第三位伐木者根本不往上看。"任何树我都合用。"他自言自语地说。利斧一挥，第三棵树倒下来。

当伐木者把第一棵树带到木匠房里，它很高兴，但木匠准备做的不是藏宝箱。他那粗糙的双手把第一棵树造成一个给动物喂食的料槽。

曾经美丽的树本可承载黄金或宝石，但如今它被铺上木屑，里面装着给牲畜吃的干草。

第二棵树在伐木者把它带到造船厂时发出微笑，但当天造成的不是一条坚固的大船。反之，那一度强壮的树被做成一般的简单的渔船。

这条船太小也太脆弱，甚至不适合在河流上航行，它被带到一个湖里。每天它承载的均是气味四溢的死鱼。

第三棵树被伐木者砍成一根根坚固的木材，并且放在木材堆置场内，它心里困惑不已。

"到底是怎么一回事？"曾经高大的树自问，"我的志愿是站在高山上，指向神。"

一天晚上，当金色的星光倾注在第一棵树上面，一位少妇把她的婴孩放在料槽里。

"我希望能为他造一张摇床。"她的丈夫低声说。

母亲微笑着捏了捏他的手，星光照耀在那光滑坚固的木头上面。"这马槽很美。"忽然，第一棵树知道它承载着世上最大的财宝。耶稣降生在这里。

一天晚上，一位疲倦的旅客和他的朋友走上那旧渔船。当第二棵树安静地在湖面航行时，那旅客睡着了。

许多昼夜过去，这三棵树都几乎忘记了它们的梦想。不久强烈的风暴开始侵袭。小船摇撼不已，它知道自己无力在风浪中承载许多人到达彼岸。

疲倦的旅人醒过来，站着向前伸手说："安静下来。"风浪顿时止住如同起初一样。忽然，第二棵树明白过来，它正承载着天地的君王。他就是耶稣。

星期五早上，第三棵树惊讶地发现它竟从被遗忘的木材堆中拉出来。它被带到一群愤怒揶揄的人群面前，它感到畏缩。当他们把那个男人钉在它上面时，它更是颤抖不已，它感到丑陋、严酷、残忍。但在星期天早晨，当太阳升起，大地在它之下欢喜震动时，第三棵树知道神的爱改变了一切。被钉在十字架上的这个人，就是基督徒们所敬仰的上帝之子——耶稣。

神的爱使第一棵树美丽。

神的爱使第二棵树坚强。

每次当人们想到第三棵树时，他们便想到神，这样比成为世上最高大的树更好。

心态启示

在生活当中，理想和现实往往会有差异，不过如果能够用正确的态度对待这一切，你不难发现，其实你已经实现了你想做的，只是存的形式不同罢了。

第九节　将挫折视为一种游戏

只有你将生活中的挫折视为游戏，才会从中体味积极人生的快乐。

每个人从小都会不厌其烦地做游戏。游戏的本身，就是在不断战胜挫折与失败中获取一种刺激与欢乐，假如没有挫折与失败，再好的游戏也会索然无味。"那就是一场游戏一场梦"，人生如梦，就如一场游戏，但我们作为其中的玩家，真的能像在现实的游戏中吗？

人们玩游戏时的心态，是寻找娱乐，是带着挑战的心情去面对游戏中的困难与挫折，你面对强大的对手，不断地受伤受挫，但越是如此，你越发兴头十足。试想，倘若人们在生活中，也有这么一种积极向上的游戏心态，那么失败与挫折，也就不会显得那般沉重和压抑。

既然如此，我们为何不能将挫折变成一种游戏呢？那样便会让痛苦沮丧的心态超然快活起来。二者其实并无差别，只是人们在游戏中身心放松，而在生活中过于紧张。于是，你可以体味游戏中面对和战胜挫折的欢乐。同样，只有你将生活中的挫折视为游戏，才会从中体味积极人生的快乐……

看看下面童真无忌的画面，不知你想到了什么？

在一个春光明媚的日子，在阳光普照的公园里，许多小孩正在快乐地游戏，其中一个小女孩不知绊到了什么东西，突然摔倒了，并开始哭泣。这时，旁边有一位小男孩立即跑过来，别人都以为这个小男孩会伸手把摔倒的小女孩拉起来，或安慰鼓励她站起来。但出乎意料的是，这个小男孩竟在哭泣着的小女孩身边故意也摔了一跤，同时一边看着小女孩一边笑个不停。泪流满面的小女孩看到这幅情景，觉得也十分可笑，于是破涕为笑，俩人滚在一起乐得非常开心。

心态启示

将生活中的挫折和困难视为"游戏"，不是游戏人生，而是为了以积极的心态面对现实，去战胜挫折和困难。

第十节　是苦难教我们成长

在漫长的人生旅途中，没有人从始至终都是幸运儿。

我们的生命中，无不交织着喜悦与悲伤、顺利与坎坷、幸运与不幸、得到与失去。正是如此纷繁的内容，构成了生命的多姿多彩，我们才品尝到生命复杂的滋味，到日暮黄昏的时候，也才有了那么多可供回忆的内容。

感谢生活的赐予，不论一帆风顺还是苦难深重。

生活就是一个个难题，我们不断地去破解，最艰难的是解题的过程，承受那个过程，完成那个过程，人生就多了经历，人生就多了坚强。

人生是个大舞台，也许有笙歌相伴，也许有人不断地穿梭，但主角永远都是我们自己，别人能给我们再大的帮助，他们却无法主宰我们的一生。

我们没有先知先觉的能力，芸芸众生，谁都无法避免苦难的降临。勇敢者、智者面对苦难，能够坦然接受，然后想方设法化解苦难，把它看做是对人生的又一次挑战，也会赢得别人的敬重；懦弱者、愚者面对苦难，好像塌了天，垂头丧气，甚至丧失了生活的勇气，结果苦难更加深重，造成的损失与危害更加巨大。戕害自己的心灵，为别人留下笑柄或提供反面的教材，这样的人生何其可悲。

其实，没有过不去的火焰山，车到山前必有路，重要的还在于你的心态。

有一个神话传说：

西西弗触犯了天庭的法律，被贬到人世间受苦。他所受到的惩罚是要将一块大石头推上山，直到它不再滚下来为止。西西弗推呀推，费尽气力将石头推上山顶，周而复始，永无休止。

天神想靠这样的折磨，使西西弗心灵崩溃而死。西西弗每次推石头上山时，天神都嘲笑、打击他。但西西弗不相信命运，依旧我行我素。他想：既然推石头上山是我每天的任务，那我就每天都来完成，完不完成责任在我，至于石头是不是往下滚，那就和我无关了。再说，石头不往下滚，我又推什么呢？

在西西弗的坦然面前，天神折服了，他无法再惩罚西西弗，便让西西弗返回了天庭。

心态启示

> 一切外在的磨难，都会在心灵交汇，你的盾牌不是外人的帮助与同情，而是心理承受能力。一帆风顺不会使我们的心灵成长。苦难可以给我们的心灵淬淬火，加点钢。遇到苦难时，沉静下来后，从反面想一想，也许会宽释你阴郁的胸怀。

第十一节　只要活着，总有希望

在这个世界上，有许多事情是我们难以预料的。我们不能控制际遇，却可以掌握自己，我们无法预知未来，却可以把握现在；我们不知道自己的生命到底有多长，却可以安排当下的生活；我们左右不了变化无常的天气，却可以调整自己的心情。只要活着，就有希望。

只要每天给自己一个希望，我们的人生就一定多姿多彩。

有位医生素以医术高明享誉医学界，事业蒸蒸日上。但不幸的是，就在某一天，他被诊断患有癌症。这对他无疑是当头一棒。他一度情绪低落，但最终还是接受了这个事实。而且他的心态也为之变，变得更宽容、更谦和、更懂得珍惜所拥有的一切。在勤奋工作之余，他从没有放弃与病魔搏斗。

就这样，他已平安度过了好几个年头。有人惊讶于他的事迹，就问是

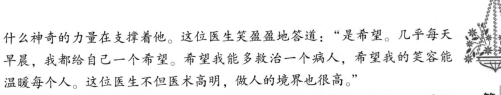

什么神奇的力量在支撑着他。这位医生笑盈盈地答道："是希望。几乎每天早晨，我都给自己一个希望。希望我能多救治一个病人，希望我的笑容能温暖每个人。这位医生不但医术高明，做人的境界也很高。"

每天给自己一个希望，就是给自己一个目标，给自己一点信心。希望是什么？是引爆生命潜能的导火索，是激发生命激情的催化剂。每天给自己一个希望，我们将活得生机勃勃、激昂澎湃，哪里还有时间去叹息、去悲哀，将生命浪费在一些无聊的小事上？生命是有限的，但希望是无限的，只要我们不忘每天给自己一个希望，我们就一定能拥有一个丰富多彩的人生。

心态启示

> 人生可能平淡，可能暗淡，甚至可能迈入黑夜，但是唯独不能心中缺少一盏灯。只要心中有希望，走到哪里不是光明？

第十二节　笑对人生的挫折

一个人在工作和生活中会遇到各种障碍、困难，遭遇很多失败、痛苦。在挫折面前，有的人会出现暴怒、恐慌、悲哀、沮丧、退缩等情绪，影响了学习和工作，损害了身心健康，而有的人却笑对挫折，对环境的变化做出灵敏的反应，善于把不利条件化为有利条件，摆脱失败，走向成功。

意大利杰出的小提琴家帕格尼尼在监狱里自得其乐，用破旧的小提琴练琴和演奏；波兰伟大诗人密茨凯维支在牢房里构思诗作，在放逐途中创作著名的《十四行诗集》。

人遭到挫折之后，把自己的情感和精力转移到有益的活动中去，从而将不良情绪导往比较崇高的方向，使其得到升华，这是最为积极的办法。善于采取升华这种积极的方式，就能像贝多芬说的一样"通过苦难，走向欢乐"。

"失之东隅，收之桑榆"，在挫折面前，用理智来驾驭恶劣情绪。通过分析，如果发现原来的目标是无法实现的，可以放弃原有的目标，选择新的奋斗方向。比如，我国优秀田径运动员胡祖荣下肢瘫痪后，不能在运动场上建立功绩，他便转向著书立说，编写了《身体训练1400例》和《撑竿跳高》两本书，同样为体育事业做出了贡献。

面对苦难和挫折，你要抬起头来，笑对它，相信"这一切都会过去，今后会好起来的"。希望是不幸者的第二灵魂。向往美好的未来，是困难时最好的自我安慰。

在挫折面前多坚持一步路，多坚持一分钟，也许你就会发现自己已经站在了成功的大门前。

德国著名化学家、铝和铁两种元素的发现者维勒虽然猜测到了墨西哥生产的这种褐色铅矿石中可能含有一种新元素，但他因漫不经心，没有循此钻研下去，所以造成了科学发现中的挫折。而肖夫斯特姆在猜想的基础上做一个有心人，抓住问题不放，终于找到了一种新元素，取得了科学发现的成功。

肖夫斯特姆的老师推齐利阿斯曾经用以下生动的语言，讲述了发现钒的故事。在很久很久以前，遥远的北方有一位美丽的女神，叫凡娜吉斯。一天，有人来敲她的门，敲得很轻，声音里带点犹豫。

这时女神正躺在安乐椅上。她想："让他再敲一会儿吧！"可是，不一会儿，敲门声消失了。女神感到很奇怪："这个客人到底是谁呀！这样有礼貌，这样犹豫不决。"

她奔到窗口一看，只见敲门的客人已经走了。女神说："啊，原来是维勒，他是这样漫不经心，让他空跑一趟吧！"

过了不久，女神又听到了敲门声。这个人敲得很热心、很坚决，耐心地敲了很长时间，一直敲到女神动了心，开门迎接他。这位客人又是谁呢？他就是我的学生肖夫斯特姆。

女神爱上了他，他们结了婚，生一个儿子叫"凡那吉"——钒，就是1931年瑞典化学家肖夫斯特姆发现的一种新金属元素。

心态启示

> 在多难而漫长的人生路上，我们需要一颗健康的心，需要绚烂的笑容，苦难是一所没人愿意上的大学，但能从那里毕业的，都是强者。

第六章　多一份知足，多一份幸福

知足者常乐，生活中的许多烦恼和痛苦，都源于我们盲目地攀比和忌妒，而忘了享受属于自己的幸福生活。多一份知足，少一份攀比和忌妒，我们的生活就会充满阳光。

第一节　别让贪欲毁掉自己

脱离现实的贪欲是造成内心痛苦的根源之一，不知足和乱攀比就会给自己增加无法承受的压力，就会造成自己内心的焦虑和痛苦。

从前有两个兄弟，他们自幼失去了父母，兄弟俩相依为命，家境十分贫寒。

他们俩终日以打柴为生，生活十分辛苦，但他们从来都不抱怨，而是起早贪黑，一天到晚忙个不停。生活中哥哥照顾弟弟，弟弟心疼哥哥。二人生活虽然艰苦，但日子过得还算舒心。

这一天，天上的神仙得知了他们二人的情况，决心下界去帮他们一把。这天清早，兄弟俩还未起床，神仙便来到了他们的梦中，对兄弟俩说："在远方有一座太阳山，山上撒满了金光灿灿的金子，你们可以前去拾取。不过一路艰难险阻，你们可要小心！另外，太阳山温度很高，你们只能在太阳未出来之前拾取黄金，否则等到太阳出来了，你们就会被烧死。"神仙说完就不见了。

兄弟二人从睡梦中醒来，心中很是兴奋。他们商量了一下，便启程去了太阳山。一路上，有时遇到毒蛇猛兽，有时遇到豺狼虎豹，有时狂风大作，有时电闪雷鸣，兄弟俩都能团结一致，最终战胜各种艰难险阻。不知过了多长时间，他们终于来到了太阳山。这时太阳还没有出来，"啊！漫山遍野的黄金，照得我眼睛都睁不开了。"弟弟一脸的兴奋，显然没有了长途跋涉的困顿与疲惫。哥哥看到后只是淡淡地笑了笑。

哥哥从山上捡了一块较大的金子装在了口袋里，下山去了。弟弟捡了一块又一块，就是不肯罢手。不一会儿整个袋子都装满了，弟弟还是不肯住手。

太阳快出来了，可是弟弟却全然不顾。这时，他耳边又响起了神仙的警示："太阳快出来了，赶快回去吧！"

弟弟却说："我好不容易见到这么多金子，你就让我一次捡个够吧！"说完，他又忘我地捡了起来。

太阳出来了，太阳山的温度也在渐渐地升高。弟弟看到了太阳，急忙背着金子往回走，可是金子实在太重了，他的步履有些蹒跚，太阳越升越高，弟弟终于倒了下去，再也没有站起来。

哥哥回到家之后，用捡到的那块金子作本钱，做起了生意，后来成了远近闻名的大富翁。可弟弟却永远地留在了太阳山。

心态启示

> 知足常乐，做事不要贪得无厌、不知满足，否则无尽的贪欲最终会毁掉自己。美好的生活要靠勤劳的双手去创造，不义之财最终会给自己带来祸害。

第二节　学会享受自己的生活

许多的时候，我们感到不满足和失落，仅仅是因为觉得别人比我们幸运！如果我们能够安心享受自己的生活，不和别人比较，在生活中就会减少许多无谓的烦恼。

下面这则寓言就生动地诠释了这个道理：

有一天，一个国王独自到花园里散步，使他万分诧异的是，花园里除了心安草所有的花草树木都枯萎了，园中一片荒凉。

后来，国王了解到，橡树由于没有松树那么高大挺拔，因此轻生厌世死了；葡萄哀叹自己终日匍匐在架上，不能直立，不能像桃树那样开出美丽可爱的花朵，于是也死了；牵牛花也病倒了，因为它叹息自己没有紫丁香那样芬芳；其余的植物也都垂头丧气，没精打采，只有最弱小的心安草在茂盛地生长。

国王问道："小小的心安草啊，别的植物全都枯萎了，为什么你这小草这么勇敢乐观、毫不沮丧呢？"

小草回答说："国王啊，我一点也不灰心失望，因为我知道，如果国王您想要一棵橡树，或者棵松树、一丛葡萄、一株桃树、一株牵牛花、一棵紫丁香等等，您就会叫园丁把它们种上，而我知道您希望于我的，就是要我安心做小小的心安草。"

还有一个故事：

早晨5点，一只兔子出去为自己家的葡萄园雇工人。一个猴子争着跑了过来。兔子与猴子议定一天10块钱，就派猴子干活去了。

7点的时候，兔子又出去雇了山羊，并对他说："你也到我的葡萄园里去吧！一天我给你10块钱。"山羊就去了。

9点和11点的时候，兔子又同样雇来了金鱼和麻雀。

下午，3点的时候，兔子又出去，看见大象站在那里，就对大象说："为什么你站在这里整天闲着？"

大象对他说："因为没有人雇我。"

兔子说："你也到我的葡萄园里去吧。"

到了晚上，兔子对他的下属说："你叫所有的雇工来，分给他们工资，由最后的开始，直到最先的。"

大象首先领了10块钱。

最先被雇的猴子心想：大象下午才来，都挣10块钱，我起码能挣40块。可是，轮到他的时候，也是10块钱。

猴子立即就抱怨兔子，说："最后雇的大象，不过工作了一个小时，而你竟把他与干了整整一天的我同等看待，这公平吗？"

兔子说："朋友！我并没有亏欠你，事先你不是和我说好了一天10块钱吗？拿你的走吧！我愿意给这最后来的和给你的一样。难道你不许我拿自己的财物，以我所愿意的方式花吗？或是因为我对别人好，你就眼红吗？"

《牛津格言》中说："如果我们仅仅想获得幸福，那很容易实现。但我们希望比别人更幸福，就会感到很难实现，因为我们对于别人幸福的想象总是超过实际情形。"

心态启示

> 生活中的许多烦恼都源于我们盲目地和别人攀比，而忘了享受自己的生活。

第三节　找到真正属于自己的生活

任何爱慕虚荣、幻想在别人的世界里幸福的人，往往会迷失了自己，永远也找不回真正属于自己的生活，那么，他将被生活的浪涛淘汰。

一条生活在大海里的鱼总感到自己的生活十分乏味，一心想离开大海，去别的地方生活。

一天，这条鱼被渔夫打捞了上来，它高兴得在网里摇头摆尾，"这回可好啦！总算逃出了苦海，可以自由呼吸。"它在心中这样想着并乐得蹦了起来。

这条鱼蹦得的确很高。当听到渔夫与他儿子讨论用什么方法将它烹饪的时候，它重重地摔了下来，严重到昏了过去。

但当它醒来时，它发现自己正待在一口破旧的装满水的水缸中，是它那身漂亮的斑纹救了它。渔夫决定将它养下，渔夫认为少吃条鱼实在无所谓，何况它是一条那么美丽的鱼！

鱼在那只破水缸里欢畅地游来游去。尽管缸很小，相对于它以前生活的大海来说小得简直不值一提，但它仍不停下。于是，这条漂亮的鱼就在这口水缸中快乐地生活起来。

每天，渔夫都会往水缸里放些鱼虫，鱼很高兴，不停地晃动身子，展示着漂亮的服饰，以讨渔夫欢喜。这么做往往会使渔夫很快乐，又撒下一大把鱼虫，鱼大口地吃着，累了则可以停下，打个盹儿。

鱼儿开始庆幸自己的美妙命运，庆幸现在的生活，庆幸自己的一身花衣。想到当初在海中，每天不得不自己出去寻找食物，还得时时提防天敌的突然袭击。那些朋友可能已几天没吃过东西，也可能已成了他人的腹中之物。想到这儿，它就大口咽下一群鱼虫，自言自语道："这才是幸福的生活。"在它眼中，这分明是一条漂亮鱼应得的待遇。

日子一天一天地过去了，鱼儿一天一天地游。尽管它似乎有些厌倦，但它再也不愿回到大海了。"我是一条漂亮鱼。"它总这么对自己说。

渔夫要出海了，这次可是出远海，十天半月才能回家，留下儿子一个人在家。

第一天，鱼儿没按时吃到鱼虫。第二天，依然没有吃到，它开始抱怨渔夫的儿子这样怠慢一条漂亮鱼。第三天，它渐渐支持不住，饿得发慌。这时，它想到以前在海中，虽然10天找不到食物，但自己依然行动敏捷，现在身子发了福，而且游水的本领也大不如前了。第四天，鱼儿终于有吃的了，不是鱼虫，而是渔夫的儿子吃剩的残羹。顾不上嫌弃，鱼大嚼起来。它饿得实在不行了。渔夫的儿子总是隔三差五地送些残羹。为此，鱼儿抱怨不停。

终于，消息传来，渔夫出海遇难了。渔夫的儿子收拾东西准备搬走。什么都带上，只忘了那条漂亮鱼儿。鱼儿在缸里大喊："带上我，别丢下我!"但没人理它。

四周静悄悄，只剩下一口破水缸，一条漂亮鱼。

鱼很悲伤。想到昔日渔夫待它实在不薄，现在却遇难身亡，它十分悲伤；想到自己今后无人照料，只有困于水缸中等死。鱼开始抱怨，抱怨水缸太小，抱怨伙食太差，抱怨渔夫的儿子对它无礼，抱怨渔夫轻易出海，甚至抱怨它决意离开大海时伙伴们为何不阻止自己，抱怨它所认识的一切，只忘了抱怨自己。

它又开始幻想：一个富商路过此处，发现这条漂亮鱼，于是把它小心地收好，养在自己家中的大水塘，每天都有可口的鱼虫……

太阳升起来了，四周静悄悄，只剩下一口破水缸，一条漂亮的死鱼。

好心态是这样培养出来的

> 生活就是这样，你可以在属于自己的空间里自由翱翔。任何爱慕虚荣、幻想在别人的世界里幸福的人，往往会迷失自己，永远也找不回真正属于自己的生活，只会被生活的浪涛淘汰。

第四节　要把握住享乐的分寸

犹太人有一则关于道德与享乐之关系的寓言，其中以比喻的方式表达了他们的一般看法。

有艘船在航行途中遇到了强烈的暴风雨，偏离了航向。到次日早晨，风平浪静，人们才发现船的位置不对，同时，大家也发现前面不远处有一个美丽的岛屿。船便驶进海湾，抛下锚，作暂时的休息。从甲板上望去，岛上鲜花盛开，树上挂满了令人垂涎的果子。一大片美丽的绿阴，还可以听见小鸟动听的歌声。于是，船上的旅客自然地分成了5组。

第一组旅客认为，如果自己上岛游玩时，正好出现顺风顺水，那就会错过起航的时机。所以不管岛上如何美丽好玩，他们坚持不登陆，守候在船上。

第二组的旅客急急忙忙地登上小岛。他们走马观花地闻闻花香，在绿阴下尝过了水果，恢复精神之后，便立刻回到船上来。

第三组旅客也登陆游玩，但由于停留的时间过长，在刚好顺风之时，以为船要开走而慌慌张张地赶回船上来，结果，有的丢了东西，有的失去了好不容易才占下的理想位置。

第四组的旅客虽然看到船员在起锚，但没看到船帆也在扬起，而且以为船长不可能扔下他们把船开走，所以，一直停留在岛上。直到船要起航之时，他们才心急慌忙地游到船边爬上船来。其中有些人为此受了伤，直到航行结束，也没有痊愈。

第五组旅客由于在岛上陶醉过度，没有听到起航的钟声，被留在了岛！

结果，有的人被树林中的猛兽吞吃了，有的人误食有毒的食物而生了病，最后全部死在岛上。

故事中的船，象征着人生旅途中的善行，岛则象征快乐，各组的旅客象征对善行和快乐持不同态度的世人。

第一组的人，对人生的快乐一点儿不去体会；第二组的人，既享受了少许快乐，又没有忘记自己必须坐船前往目的地的任务，这是最贤明的一组；第三组的人，虽然享受了快乐并赶回了船上，但还是吃了些苦头；第四组也勉强赶回船上，但伤口到目的地还没有愈合；人类最容易陷入的还是第五组，往往一生为了虚荣而活着，忘记将来的事而不知不觉吃下有毒的甜蜜果实。

心态启示

一定要把握住享乐的分寸，适度享乐而不忘追求善行的人才是最贤明的。

第五节　在生活的细微处体验快乐

一个人只有健康的身体还不够，能够有意识地去体验观察生活中每一刻宝贵的时光，才是人真正可贵的能力。

苏珊娜·弗莱尔是一位年轻的科隆女子，她由于患白血病于几年前去世。然而，一位名叫维尔纳·菲尔玛的人用摄影机追踪记录下了她走向死亡的过程。从那以后，菲尔玛才明白，生活意味着什么。

菲尔玛认识苏珊娜还是 1989 年春天的事。那时，曾经与病魔作了 4 年不懈斗争的她坚信自己已经战胜了缠身已久的绝症，并且开始着手计划未来美好的蓝图。菲尔玛想用一部电影表现她积极抗病、顽强求生的治疗过程，以此证明一个被顽症缠身的人如何能学会乐观积极地生活。

然而，就在此时，一个打击突然袭来，菲尔玛得到一个很糟的消息，

"我的日子不多了，"苏珊娜在电话中对她说，"但我希望，我们能共同把这部电影拍完。我愿尽可能长时间地同你们在摄影机前交谈。"

放下电话，菲尔玛立刻带上摄影师和录音师赶到她家。她正坐在一张藤椅里，微笑着迎接他们，屋里阳光灿烂、芳香飘逸，这是一幅多么温馨恬静的生活画面呀！她的丈夫和孩子正在同她亲切地交谈。

也许由于心情紧张，有一刻菲尔玛有些手足无措，苏珊娜倒显得异常平静。"我享受着每一天宝贵的时光，好像从来还没有这么意识强烈，全心投入地去体验眼下一切美好事物，包括我们现在的会面。"她声音清晰愉悦，真诚、坦率地向他们展开了她全部的内心世界。

"现在才知道，爱的真正含义是什么。"苏珊娜说，"与我从前想象的相比较，那是全然不同的一种感觉，就连性爱我也有着从前未曾体验的感受。现在对我来说，那是一种全身心的接近，两心相通，静静厮守的美妙感觉。"

苏珊娜去世2周年前，她只能躺在科隆大学的病床上与菲尔玛等人交谈了。医院的主任大夫并没有阻止他们的会面。

通过这种会面，可以让尽可能多的人看到，一个人能够怎样明智乐观地面对死亡。

在苏珊娜去世的前几天，菲尔玛曾经问起她，"假如命运允许您再重新活一次，您愿意做些什么呢?"她的回答可能会给所有人的生活开启一个全新的方向。

"我愿更多地和我自己生活在一起，每一天我要为自己留出一段可以独处的宝贵时光，更有意识地去观察体验自我和我身处的环境。"

苏珊娜·弗莱尔毫无惧色地告别了短暂人生，离开了这个世界。

与苏珊娜的会面，开启了菲尔玛对生活的思索，使她从中获得了积极的意义。

如今，菲尔玛已学会不再那样茫然无视生活中的分秒光阴、细微的事物了。当雨点滴答洒落在菲尔玛身上时，他会尽兴地在雨中散步；当樱桃花盛开的美妙时节，他会沉浸到自然中，痛痛快快地捕捉每缕芬芳，尽情地享受一种孩童般的欢乐。

一个人只有健康的身体还不够，能够有意识地去体验观察生活中每一刻宝贵的时光，才是人真正可贵的能力。有了这种能力，我们才会于平淡的生活中找到快乐，我们的生活才会充满了欢笑。

心态启示

> 不要让自己匆忙地走过人生之路，如果做不到这一点，当我们走到这条路的尽头时，我们会发现自己错过了太多太多的欢乐、太多太多的美景，我们会后悔莫及。

第六节　财富发挥其价值才有意义

　　有些东西，只有享受它才叫真正的拥有它，例如钞票，只有花了它换回其他东西，才算曾真正的拥有过它；只是把它攥在手心里，不舍得花，那么它只是一张花花绿绿的纸。生活也是这样。

　　从前有个磨坊主，他很爱金子。这种爱占据了他的整个身心，以至于变卖了他所有的其他东西来买回他所深爱着的金子。然后他把所有的金子熔铸成一大块，把它埋到地里。每天黎明，他都急急忙忙赶到地里，把自己的这一大块光辉灿烂的金子挖出来，把玩欣赏一番。

　　有个小偷看到了磨坊主每天早上的举动。一天夜里，小偷挖出了磨坊主的宝贝。

　　第二天早上，磨坊主挖呀挖呀，但什么也找不到。他痛苦地嚎哭起来，哭声撕心裂肺，一位邻居过来看看到底发生了什么可怕的事情。

　　当邻居听说是金子被偷了，就对磨坊主说："你这么悲痛干什么？你根本就没有金子，所以你什么也没有丢。现在你可以假想你还拥有着金子，就在你埋金子的地方埋块石头吧，假想一下那石头就是你的财宝，这样你就会再次拥有金子。当你真的有金子时你从来就不用它，现在只要你决定还不用它，你就永远不会失去它。"

心态启示

> 我们享受生活，从生活中找到乐趣，才是真正地拥有生活，那种不知生活的乐趣的人，只是在消耗生命。你是尽情享受生活呢，还是要浪费生命呢？

第七节　幸福原本深植于人的心中

人生的目的是获得幸福，而幸福大多是主观的，它原本就深植于人的心中，因此，我们没有必要去别处寻找幸福。

有一个老人，在临死前对儿子说："孩子，我快死了，我希望你过上好日子。"

儿子说："父亲，你告诉我，怎么才能使生活幸福？"

父亲答道："你到社会上去吧，人们会告诉你找到幸福的办法。"

父亲死后，儿子就出发到外面的世界去找幸福了。他走到河边，看见一匹马在岸上走，这匹马又瘦又老。马问："青年人，你到哪里去？"

"我去找幸福，你能告诉我怎么找吗？"

"小伙子，你听我说，"马回答道，"我年轻时只知道饮水、吃草籽，我甚至认为只要把头转到食槽里，就会有人把吃的东西塞进我的嘴里。除了吃以外，别的事我什么也不管，所以，当时我认为在这个世界上我是最幸福的。可是现在我老了，主人把我丢弃了。所以我告诉你，青年时要珍惜自己的青春，千万不要像我过去那样，不要享受别人给你准备好的现成东西，一切都要自己干，要学会为别人的幸福而高兴，不要怕麻烦，这样，你就会永远感到幸福。"

青年继续走下去。他走了很多路，在路上碰到了一条蛇。蛇问："小伙子，你到哪里去？"

"我到世界上去寻找幸福。你说，我到哪里去找呢？"

"你听我说吧，我一辈子以自己有毒液而感到自豪。我以为自己比谁都强，因为大家都怕我。我这种想法是不对的。其实大家都恨我，都要杀死

我，所以，我也要避开大家，怕大家。你的嘴里也有毒液，所以，你要当心，不要用语言去伤别人，这样你就一辈子没有恐惧，不必躲躲闪闪，这就是你的幸福。"

青年又继续朝前走。走啊，走啊，他看见一棵树，树上有一只加里鸟——它的浅蓝色羽毛非常鲜艳、光亮。"小伙子，你到哪里去?"加里鸟问。

"我到世界上去寻找幸福，你知道什么地方能找到幸福吗?"

加里鸟回答说："小伙了，你听好，我给你讲：看来，你在路上走了很多日子了，你的脸上满是灰尘，衣服也破了，你已变样了，过路人要避开你了。看来，幸福同你是没有缘分了，你记住我的话：要让你身上的一切都显得美，这时你周围的一切也会变得美了，那时你的幸福就来了。"

青年回家去了，他现在明白，不必到别的地方去找幸福，幸福就在自己身边。

心态启示

> 人生的目的是获得幸福，而幸福大多是主观的，它原本就深植于人的心中，因此，我们没有必要去别处寻找幸福。心理学家说："幸福与否与心态的积极与否密切相关。如果一个人决心获得这种幸福，那么就能得到这种幸福。而心态消极的人不仅不会吸引幸福，相反还排斥幸福，即使幸福悄然降临到身边时，也会毫无觉察，或者失之交臂。"

第八节　切忌掉入贪婪的怪圈

有贪婪心的人总希望得到更多，他不知满足，结果命运让他失去一切，贪心只会愚弄自己。每个人都希望自己命运变好，乞丐不该陷入渴求更好之中，有心追逐非分之想的名利哪能是进取呢，贪婪的人一定会栽跟头的。

贪婪之心与进取之心虽有本质区别，但都表现为不满足于现状，都追求更多更好的东西。所以常有人把贪婪之心当成了进取之心，或拿进取心作贪婪的幌子，结果栽进贪婪的陷阱不能自拔。

据一个捉猴很有经验的猎人说，他捉猴有一个办法屡试不爽，就是在墙中夹个竹筒，在筒的一端放一个鸡蛋，猴子从竹筒中看见鸡蛋，便从竹筒里伸手去抓，手中握了个鸡蛋便不能从筒里缩回来，但猴子舍不得放下鸡蛋，往往是束手就擒。这比贪吃的鱼还愚蠢啊，鱼发现吞钩了还想往外吐，猴却舍不得放弃手中足以害命的鸡蛋。

有一天，一只狐狸走到一个葡萄园外，看见里面水灵灵的葡萄垂涎欲滴。可是外面有栅栏挡住，无法进入。于是，狐狸一狠心绝食3日，减肥之后，终于钻进葡萄园内饱餐一顿。当它心满意足地想离开葡萄园时，却发觉自己吃得太饱，怎么也钻不出栅栏。无奈，只好再饿肚3天，才钻了出来。

狐狸的故事颇像人生过程，人生就是一个赤条条地来，又赤条条地走的过程，积极进取值得称道，过分贪婪只会加快"赤条条地离去"的过程。

早在1925年，美国科学家麦开做了一个前无古人的老鼠实验，将一群刚断奶的幼鼠一分为二区别对待。

第一组享受"最惠国待遇"，予以充足的食物让其饱食终日。

第二组享受"歧视待遇"，只提供相当于第一组60%的食物以饿其体肤。

结果大大出人意料：第一组老鼠难逾千日，未到中年就英年早逝；第二组饿老鼠寿命翻番，享尽高年方才寿终正寝，而且皮毛光滑、皮肤绷紧、行动敏捷。更耐人寻味的是其免疫功能乃至性功能均比饱老鼠略高一筹。

后经科学家触类旁通，扩大范围验及细菌、苍蝇、鱼等生物，又发现了惊人相似的一幕幕。

科学家通过不断的努力，得出结论认为：动物终其一生所消耗的能量有一个固定的限额，限额一旦用完就意味着生命永久停止，吃得多，限额就完成得早；吃得少，魂归地府也就慢些。

有贪婪心的人总希望得到更多，他不知满足，结果命运让他失去一切，贪心只会愚弄自己。

一股细细的山泉，沿着窄窄的石缝，叮咚叮咚地往下流淌，也不知过了多少年，竟然在岩石上冲刷出一个鸡蛋大小的浅坑，里面填满了黄澄澄的金砂，天天不增多也不减少。

有一天，一位砍柴的老汉来喝水，偶然发现了清澈泉水中闪闪的金砂。惊喜之下，他小心翼翼地捧走了金砂。从此，老汉不再受苦受累，过个十天半月的，就来取一次金砂，不用说，日子很快富裕起来。

老汉虽守口如瓶，但他的儿子还是跟踪发现了爹的秘密，他埋怨爹不该将这事瞒着，不然早发大财了……

儿子向爹建议，拓宽石缝，扩大山泉，不就能冲来更多的金砂吗？爹想了想，自己真是聪明一世、糊涂一时，怎么没想到这点？

说干就干，父子俩叮叮哐哐，把窄窄的石缝凿宽了，山泉比原来大了几倍，又凿大凿深了坑。父子俩想到今后可得到更多的金砂，高兴得一口气喝光了一瓶老白干儿，醉成一团泥。此后，父子俩天天跑来看，却天天失望而归，金砂不但没增多，反而从此消失得无影无踪。

父子俩百思不得其解——金砂哪里去了呢？

富有"进取心"的父子俩聪明的结果只是竹篮打水一场空，其实真正的进取心是靠辛苦勤奋来换取更多的劳动果实，不通过自己的付出而有更高要求就是贪婪。进取心不会使人失去理智，而贪心却可使人像被猪油蒙了心，变得愚蠢失常。

富翁家的狗在散步时跑丢了，于是在电视台发了一则启事：有狗丢失，归还者，付酬金1万元。

送狗者络绎不绝，但都不是富翁家的。富翁太太说，肯定是真正捡到狗的人嫌给的钱太少，于是，富翁就把酬金改为2万元。

一位乞丐在公园的躺椅上打盹时捡到了那只狗，他第二天一大早就抱着狗准备去领酬金，但却发现酬金已经变成了3万元。乞丐想了想后，又折回破窑洞，把狗重新拴在那。

在接下来的几天，乞丐一直在告示旁边，当酬金涨到使全城的市民都感到惊讶时，乞丐兴奋地返回他的窑洞去取狗。

可是那只狗已经死了，因为这只狗在富翁家吃的都是鲜牛奶和生牛肉，对乞丐从垃圾桶里捡来的东西根本受不了。

心态启示

> 每个人都希望自己命运变好，乞丐不该陷入渴求更好之中，有心追逐非分之想的名利哪能是进取呢，贪婪的人一定会栽跟头的。

第九节　活得太累，只因索求太多

贪婪是一种诱惑，使人明知不可为而为之。贪婪是一个泥潭，叫人身陷其中而不能自拔。

有一个穷人，他穷得连床也没有，只好躺在一张长凳上。穷人自言自语地说："我真想发财呀！如果我发了财，决不做吝啬鬼……"

这时候，穷人身边出现了一个魔鬼。魔鬼说道："好吧，我就让你发财，我这就给你一个有魔力的钱袋。"魔鬼又说："这钱袋里永远有1枚金币，是拿不完的。但是，你要注意，在你觉得够了的时候，就要把钱袋扔掉，才可以开始使用那些金币。"

说完，魔鬼就不见了，在他的身边，真的出现了一个钱袋，里面装着1枚金币。穷人把那枚金币拿出来，里面又有了1枚。于是，穷人不断地往外拿金币。穷人一直拿了整整一个晚上，金币已有一大堆了。他想：这些钱已经够我用一辈子了。

到了第二天，他很饿，很想去买面包吃。但是在他花钱以前，他知道必须扔掉那个钱袋，于是，他便拎着钱袋向河边走去，但是他舍不得扔掉那件宝贝，又把钱袋拿了回来。他又继续从钱袋里往外拿钱。就这样，每次当他想把钱袋扔掉的时候，他就总觉得钱还不够多。

日子一天天过去了，他旁边的金币越积越多，以至于完全可以去买吃的、买房子、买最豪华的车子。可是，他总是对自己说："还是等钱再多一些才好。"

他不吃不喝拼命地拿钱，金币已经快堆满一屋子了。但是，他却变得又瘦又弱，脸色像腊一样的黄。

　　他虚弱地说："我不能把钱袋扔掉，金币还在源源不断地出来啊！"

　　最后，他成了一个看起来极衰老的人，但他还是抖着手往外掏金币。终于，因为又累又饿，他死在了自己的长凳上，旁边堆放着满屋子的金币。

心态启示

　　我们常常感到活得太累，其实只是因为我们索求得太多，一心希望拥有的越多越好，爬得越高越好，到头来，我们的心灵自然无法得到休息。

第七章　善待生活，
生活就会善待你

人心就像一本存折，只有打开来才知道到底有多少收益。每本心的存折都是用一点一滴的善良去积累的。以善良的心，去善待生活，生活也会善待你。

第一节　钻石就在你的脚下

善待生活，生活才会善待你，生活的乐趣就蕴藏在日常生活的细节中，认真对待自己生活，善待自己的生活，就能享受无穷的生活乐趣。

印度流传着一位生活殷实的农夫阿利·哈费特的故事：

一天，一位老者拜访阿利·哈费特，这么说道："倘若您能得到拇指大小的一颗钻石，就能买下附近全部的土地；倘若能得到钻石矿，就能够让自己的儿子坐上王位。"

钻石的价值深深地印在了阿利·哈费特的心里。从此，他对什么都不感到满足了。那天晚上，他彻夜未眠。第二天一早，他便叫起那位老者，请他指教在哪里能够找到钻石。老者想打消他那些念头，但无奈阿利·哈费特听不进去，执迷不悟，仍死皮赖脸地缠他，最后他只好告诉他："您在很高很高的山里寻找淌着白沙的河，倘若能够找到，白沙里一定埋着钻石。"

于是，阿利·哈费特变卖了自己所有的地产，让家人寄宿在街坊家里，自己出去寻找钻石。但他走啊走，始终没有找到要找的宝藏。他终于失望，在西班牙尽头的大海边投海自杀了。

可是，这故事并没有结束。

一天，买了阿利·哈费特的房子的人，把骆驼牵进后院，想让骆驼喝水。后院里有条小河，骆驼把鼻子凑到河里时，他发现沙中有块发着奇光的东西。他立即挖出一块闪闪发光的石头，带回家，放在炉架上。

过了些时候，那位老者又来拜访这人家，进门就发现炉架上那块闪着光的石头，不由得奔跑上前。

"这是钻石！"他惊奇地嚷道，"阿利·哈费特回来了！"

"不！阿利·哈费特还没有回来。这块石头是在后院小河里发现的。"新房主答道。

"不！您在骗我。"老者不相信，"我走进这房间，就知道这是钻石啊。别看我有些唠唠叨叨，但我还是认得出这是块真正的钻石！"

于是，两人跑出房间，到那条小河边挖掘起来，接着便露出了比第一块更有光泽的石头，而且以后又从这块土地上挖掘出许多钻石。献给维多利亚女王的那块有名的钻石也是出自那里，净重达100克拉。

心态启示

事实不正是如此吗？在生活中我们有人常常舍近求远，把眼前的最好的东西放弃，到别处去寻找自己身边有的东西，最终结果往往是什么也得不到。而往往机遇就在你的脚边，在你的心里。

第二节 自己就是一面镜子

什么样的人，就会以什么样的心态去看问题，自己就是自己的一面镜子。

老人静静地坐在一个小镇郊外的马路边。一位陌生人开车来到这个小镇，看到了老人，停下车打开车门，向老人问道："老先生，请问这个城镇叫什么名字？住在这里的人属于哪类人？我正在寻找新的居住地！"

老人抬头看了一眼陌生人，回答说："你能告诉我，你原来居住的那个小镇上的人是什么样的吗？"

陌生人说："他们都是一些毫无礼貌、自私自利的人。住在那里简直无法忍受，根本无快乐可言，这正是我想搬离的原因。"

听了这话后，老人说："先生，恐怕你又要失望了，这个镇上的人和他们完全一样。"陌生人快快地开车离开了。

过了一段时间，另外一位陌生人来到这个镇上，向老人提出了同样的问题："住在这里的是哪种人呢？"

老人也用同样的问题来反问他："你现在居住的镇上的人怎么样？"

陌生人回答："哦！住在那里的人非常友好，非常善良。我和家人在那里度过了一段美好的时光，但是，我因为职业的原因不得不离开那里，希望能找到一个和以前一样好的小镇。"

老人说："你很幸运，年轻人，居住在这里的人都是跟你们那里完全一样的人，你将会喜欢他们，他们也会喜欢你的。"

心态启示

> 如果眼睛是太阳，那么看到的也是太阳；如果眼睛是黑暗，那么看到的也是黑暗。看待人生和社会，一定要有辩证的思维、科学的态度，不能追求完美无缺，不能求全责备。

第三节 有限的生命里，要会享受生活

生活不是一个竞赛，但是在这条路上，每一步都能令你回味无穷。

几年前在某个大学的毕业典礼上，可口可乐公司的总裁说了一段有关工作与生活中事物间的关系的话："想象生活是个比赛，你必须同时丢接5个球，这5个球分别是：工作、家庭、健康、朋友以及精神生活，然而你不可让任何一个球落地。

"但是，你很快就会发现工作是一个橡皮球，如果它掉下来，它会再弹回去，而其他4个球：家庭、健康、朋友以及精神生活是玻璃制的，如果你让这4个球其中任何一个落下来，它们会磨损、受损，甚至会粉碎，而一旦落下，它们将不再和以前一样。"

你必须知道这些事而在生活中设法求得平衡，但要怎么做呢？不要认为你应该与其他人做比较，因为每个人都不同，因此每个人都是独特的。

不要将别人视为重要的事定为自己要达成的目标，只有你自己知道自己需要什么。

不要将一切贴心的事物视为理所当然，要重视生活中所拥有的，因为一旦失去了它们，你的生活即将失去意义。

不要活在过去中或只是为了未来而活，而让你的生命由指端滑落。

重视现在、把握当下，你将每天过着充实的生活。当你仍可以给予时，不要轻言放弃；在你停止尝试之前，没有任何一件事是已经结束的。

不要害怕承认自己是不完美的，因为这是将我们联结在一起的微弱联系。

不要害怕面对风险，我们在尝试中变得勇敢。

不要说真爱难寻而将爱排除于你生活之外。接受爱的最好方法是给予，将爱握得太紧将很快失去它，而保持爱的最好方法是给它自由。

不要匆忙地过生活而忘了自己曾经历过的种种事物，以及自己未来的方向。

不要惧怕学习，知识是没有重量的，你永远可以轻易地带着它与你同行。

不要挥霍时间或话语，这两样事物是无法收回的。

心态启示

生活就是这样，有很多事情是我们所忽略的，所以，在我们有限的生命里，去充分享受生活吧！

第四节　为别人照明，给自己开路

生活中，我们周围有很多东西是值得去关爱和感激的，我们关爱别人，别人关爱我们。学会关爱与感激，在平凡生活中体味温馨和幸福！

一个漆黑的夜晚，一个远行寻佛的苦行僧走到了一个荒僻的村落中，漆黑的街道上，络绎不绝的村民们在默默地你来我往。

苦行僧转过一条巷道，他看见有一团昏黄的灯从巷道的深处静静地亮过来。身旁的一位村民说："瞎子过来了。"

"瞎子？"苦行僧愣了，他问身旁的一位村民说："那挑着灯笼的真是一位盲人吗？"

他得到的答案是肯定的。

苦行僧百思不得其解。一个双目失明的盲人，他根本就没有白天和黑夜的概念，他看不到高山流水，也看不到柳绿桃红的世界万物，他甚至不知道灯光是什么样子的，他挑一盏灯笼岂不令人迷惘和可笑？

那灯笼渐渐近了，昏黄的灯光渐渐从深巷移游到了僧人的鞋上。百思不得其解的僧人问："敢问施主真的是一位盲者吗？"

那挑灯笼的盲人告诉他："是的，自从踏进这个世界，我就一直双眼混沌。"

僧人问："既然你什么也看不见，那你为何挑一盏灯笼呢？"

盲者说："现在是黑夜吗？我听说在黑夜里没有灯光的映照，那么满世界的人都和我一样是盲人，所以我就点燃了一盏灯笼。"

僧人若有所悟地说："原来您是为别人照明了？"

但那盲人却说："不，我是为自己！"

"为你自己？"僧人又愣了。

盲者缓缓向僧人说："你是否因为夜色漆黑而被其他行人碰撞过？"

僧人说："是的，就在刚才，还被两个人不留心碰了一下。"

盲人听了，深沉地说："但我就没有。虽说我是盲人，我什么也看不见，但我挑了这盏灯笼，既为别人照亮了路，也更让别人看到了我自己，这样，他们就不会因为看不见而碰撞我了。"

苦行僧听了，顿有所悟。他仰天长叹说："我天涯海角奔波着找佛，没有想到佛就在我的身边，原来佛性就像一盏灯，只要我点燃了它，就会照亮自己和周围人的心灵，让别人不会撞到自己。"

关爱是体现出对别人的关心理解和爱抚，感激在很多时候却是一种感恩的心情！生活中的我们不要对自己要求太多，更不要患得患失，不要斤斤计较，要学会理解、宽容别人，同时也更要学会感激别人，感谢你周围的亲人、老师、朋友等为你所做的一切，用一颗真诚期待的心去跟别人细心交流，享受那份坦诚与信任！

心态启示

> 为别人点燃我们自己生命的灯吧，这样，在生命的夜色里，我们才能寻找到自己的平安和灿烂！

第五节　给心灵开一个存折

为别人付出你的爱心，就种下一片希望，就会有硕果累累的一天，就能品尝到丰收的喜悦。

"鸟儿无意中带来的一粒种子，谁能料到多年以后会长成一棵大树呢！"金女士回忆起创业之初的机缘来，每每都会对旅途中的一件很小的小事慨叹不已。

14年前的一个夏天，金小姐作为一名公司职员从台湾去美国芝加哥参加一个家用产品展览会。午餐就在快餐厅里自行解决。当时人很多，金小姐刚坐下，就有人用日语问："我可以坐在这里吗？"

抬头一看，是一位白发长者正端着饭站在面前。她忙指着对面的位子说："请坐。"接着起身去拿刀、叉、纸巾这类的东西，担心老人家找不到，便帮他也拿了一份。

一顿快餐很快就吃完了，老人临走时递来一张名片，说："如果以后有需要，请与我联络。"金小姐一看，哟，原来老人是日本一家大公司的社长呢。

1 年以后，金小姐自己注册了一家小公司。生意做了不到 1 年，客户突然不做了，而这时，新一年的生产计划已经定了，连样品都做好了，更何况，这是她唯一的客户！

怎么办？真的一起步就要破产吗？她忽然想起那位日本老人来。

就抱着一线希望去了一封简单的信，说不知你是否还记得我，我现在自己开了一家小公司，如果你来台湾希望能来看一看。

信发出后一个星期，就收到了回信，老人说即日启程来台湾。

2 天后，他真的来了，还带来了六七个公司职员。他们拿出样品让她试加工，在肯定了产品和质量之后，当场下了足够金小姐做 1 年的大订单。

金小姐惊喜地问："您在台湾有很多大客户，而我这里只是个小公司，您真的信得过我吗？"

老人从皮箱里拿出一本书来，名字叫做《人心的贮存》，说："当初你在芝加哥给我小小的帮助时，你并没有想到会有这样的回报。"

心态启示

> 人心就像一本存折，只有打开来才知道到底有多少收益。每本心的存折都是用一点一滴的善良去积累的。

第六节　人生都有几道坎

人从出生到成熟到衰老到死亡，就那么几十个春秋，也就是那么几个"坎"，眨眼的工夫就过去了。一辈子就这样走过来了，不管辉煌还是平凡，都得一个一个坎地迈过，当然，怎样迈，迈得成功与否，都得由你自己来完成，而围绕着人生的一切都离不开适当地放弃。

20 岁之前谈梦。人自母体分离出来，初谙世事至少要十四五年，而初谙世事并不意味着成熟，很多想法都过于浪漫，近似童话。所以，这个季节经常做梦，梦见自己会飞，梦见自己成为别人的偶像。同学朋友之间谈论的话题也往往与现实离题万里。在这段花季年华里，一切都是浮动的，一切都是彩色的。

20岁以后谈理想。20岁是迈入大人行列的第一道门坎，以前的彩色梦幻渐渐淡化，在现实面前，开始走向成熟，也开始有了人生的目标。但20岁的抱负却又气吞山河，有些不切实际。所以我们说，人到20岁已经长大了，但绝对不意味着已经成熟了。总之，20岁时，已经有了向前跋涉的目标，少了很多梦幻色彩。

上了30岁谈责任。三十而立对于今人来说也许为时尚早，但30岁已是成熟的人了，至少已经确立了自己的人生坐标和基点。在这阶段，世界会把很多重担压在你的肩头，你无可逃遁也别无选择地要背着这些重担往前走。人生由此便多了一种沉甸甸的东西——责任，人生的内涵也因之丰富起来。结婚了需要有个爱巢栖息，儿女出世了要拼力哺育，父母老了要尽赡养之责，还有，工作的担子也加重了……这一切责任，都需30岁的你一个一个地去履行，没人能够替代你。这个时候，一切言谈行为都变得那么实在。

40岁谈事业。迈过40岁的沟坎，人已如日中天了，此刻有志者已经事业有成，即使是平凡之辈，积蓄也开始殷实。人的生理心理也已熟透，万事都有主张，一切重担也因为时光流淌而减负了。也许父母已经过世，儿女也快自立。这个时候，人通常会像爬上一道高坡一样，长长地舒口气。然而当回头看时，才发觉前些年为自己活得太少。于是，发展自己便成了这个阶段的主旋律。

50岁开始谈经验。古人道："五十而知天命"，此刻对于人来说应该是尘埃落定的时候了。优胜者已经胜出，淘汰者已经出局。那么，优胜者便领受尊敬的风光，淘汰者也只好独尝出局的悲哀。无论优劣，都会玥白成败的原因。而大局已定，已难更改，对于优胜劣汰的总结成了宝贵的经验，并且成了后人的财富。

60岁以后谈往昔。衰老是人类不可抗拒的自然法则。人老了就力不从心了，即使想大展宏图也难于展翅了。此刻的成功者可以享受他自己创造的成果，失败者也只好独饮他自酿的苦酒了。好汉不提当年勇也好，蹉跎一生不堪回首也罢，岁月刻在自己身上和心上的痕迹是无法抹杀的。夕阳苦短，来日无多，不再思想前景的辉煌，但回首昔日的风光或坎坷，多少也能激活生命的潜力，保持旺盛的活力。

心态启示

> 舍得放弃是一种跨越，当你舍得放弃一切，做到简单从容地活着的时候，你人生中的那道坎也就过去了。

第七节 将生活当成一种享受

快乐就在每个人的心中，只要我们愿意邀请，它会随时赴约。很多事情，提起来是烦恼，放下便是快乐。拿得起放得下，生活就会轻松快乐。

只有永远拥有充满梦想和激情的心灵，才能真正懂得生活的意义。

有一位人力三轮车师傅，50多岁，看得出他年轻时相貌堂堂，如果去唱歌，应该属偶像级的。问他为什么愿干这样的活儿，他笑着从车上跳下，并夸张地走了几步给我看，哦，原来是跛足，左腿长，右腿短，天生的。

坐车有点不忍，可他却很坦然，仍是笑着说，为了能不走路，踩三轮车，便是最好的伪装，这也算是"英雄有用武之地"。不时，他还转过头"告慰"人说："我老婆很漂亮，儿子也很帅！"

坐他的车，会让人如沐春风。他又对人说，自己没什么文化，有好体力，踩三轮车，很环保，也可养家糊口，一天可挣上百元，他有"人生三愿"，即吃得下饭、睡得着觉、笑得出来。

还有一位跛女子，她喜欢跳舞，因为微跛，一些弧步反而跳得更美丽、流畅，所以她成了舞厅皇后。她总结说："我利用了我的不足！"

而另一位女子喜欢自助旅行，一路上拍了许多照片，并积极出版发行。记者在采访她时，她很认真地说："因为我长得丑，所以很有安全感，如果美女一个人自助旅行，那就很危险了，我得感谢我的丑！"

英国有位作家兼广播主持人，他叫汤姆·撒克，事业、爱情皆得意，但他只有1.3米，他不自卑，别人只学会"走"，他学会了"跳"，所以，他成功了，他有句豪言壮语："我能够得到任何想要的东西。"

生活如琴，让轻松的梦幻曲在我们的指间滑落，生活如歌，用蝴蝶、月光、鸟语写成一首首"让心灵燃烧的歌"。

有位著名作家总是这样对自己说："如果没有出生在世，我就无法听到脚底的雪发出的呀呀声，无法闻到木材燃烧的香味，也无法看到人们眼中爱的光芒，更不可能享受到因为自己的奋斗而带来的成功的快乐……能活在世间，是一件多么幸运的事啊！我为什么不尽情地享受生活中的每天？"

心态启示

只有永远拥有充满梦想和激情的心灵，才能真正懂得生活的意义，也才能从真正的意义上享受生活！

第八节　上帝最爱的是穷人

艰难困苦，玉汝于成。年轻时的贫穷与磨炼是一生的财富。

一位父亲带儿子去参观梵·高故居，在看过那张小木床及裂了口的皮鞋之后，儿子问父亲："梵·高不是一位百万富翁吗？"

父亲答："梵·高是位连妻子都没娶上的穷人。"

第二年，这位父亲带儿子去丹麦，在安徒生的故居前，儿子又困惑地问："爸爸，安徒生不是生活在皇宫里吗？"

父亲答："安徒生是位鞋匠的儿子，他就生活在这栋阁楼里。"

这位父亲是一个水手，他每年往来于大西洋各个港口。这位儿子叫伊尔·布拉格，是美国历史上第一位获普利策奖的黑人记者。

20 年后，在回忆童年时，布拉格说："那时我们家很穷，父母都靠出卖苦力为生。有很长一段时间，我一直认为像我们这样地位卑微的黑人是不可能有什么出息的。好在父亲让我认识了梵·高和安徒生，这两个人告诉我，上帝没有这个意思。"

促使他成功的无疑是那两位贫贱的名人。

从他们这一类人的故事中，你是否发现这样一个事实：造化有时会把它的宠儿放在下等人中间，让他们操着卑贱的职业，使他们远离金钱、权力和荣誉，可是在某个有意义、有价值的领域中却让他们脱颖而出。

心态启示

> 人们常因自己角色的卑微而否定自己的智慧，因自己地位的低下而放弃儿时的梦想，其实造物主常把高贵的灵魂赋予卑贱的肉体，就像我们在日常生活中，总是把贵重的东西藏在家中最不起眼的地方。

第九节　给车胎放气就能通过

低一下头，明月春风；退让一步，海阔天空。既然退一步能海阔天空，我们为什么还要去选择悬崖峭壁的绝境？

在我很小的时候，不知是谁出一道智力题：飞机在高空中盘旋，目标紧紧盯住装载紧急救援物质的卡车，就在这危急时刻，前面出现一个桥洞，且洞口低于车高几厘米，问卡车如何巧妙穿过桥洞。

20多年过去了，这道并不难的题，我早就知道了答案——把车轮胎放掉一部分气即可。但我却时常品味这道叫人常品常新的"难题"。这样的问题，在生活中我也遇到不少。开始时不是一筹莫展，搞得焦头烂额，就是硬往前撞，哪管它三七二十一，死了也悲壮。这固然表明一个人有勇气和自信，但往往会适得其反，事情会扯不清理更乱。毫无价值的牺牲，最终受害的是自己，随着"吃堑"的增多，也长了些许的"智"，在每逢遇到类似的难题时，我就会如文中开头的司机那样，给车胎放点气——低一低头。

纵观历史，也有借鉴的镜子。三国刘备再三低头从三顾茅庐到孙刘联合，每一次低头，都会踱到"柳暗花明又一村"，终于做成"三足鼎立"中的辉煌。越王勾践深深低下高贵的头，以卧薪尝胆收回旧山河。这些是古人的典范。还是回到我朋友经历的一个现实吧！

1998年的夏日，我朋友在一家广告公司谋事，由于他年轻易冲动，便很轻易地得罪了经理。于是，在以后的日子里，每次开会他都自然而然成为会议的第一个主题——挨批。被批得面目全非的他，真想一走了之。

但是他转念想，如果真的走了，一些罪名不光洗不清，而且会被再蒙上厚厚的污垢；再者，这是一家很有名气的广告公司，自己完全可以从中源源不断地得以"充电"。于是他坚持留了下来，整理好乱七八糟的心情，低头实干，以兢兢业业来为自己疗伤，以实实在在的业绩回击谎言。

经过不断的努力，一笔又笔的业务，增添了他的信心，也让他积攒下了许多经验财富。坦率地讲，最重要的是，从中总结出"给车胎放气"的处世哲学，使他终生受益。

心态启示

> 漫漫人生路，有时退一步是为了踏越千重山，或是为了破万里浪；有时低一低头，更是为了昂扬成擎天柱，也是为了响成惊天动地的风雷；如此地低一低头，即便今日成渊谷，即便今秋化作飘摇的落叶，明天也足以抵达珠穆朗玛峰的高度，明春依然会笑意盎然、傲视群雄。

第十节　别让烦恼在家过夜

快乐是无所谓有无所谓无的，它就在每个人的心中。只要我们愿意邀请，它会随时赴约。提起来就是烦恼，放下便是快乐。

一个水暖工的运气很糟，先是钳子坏了，再是电钻坏了，最后，那辆老爷车也趴了窝，只好步行回家。在门口，满脸晦气的水管工没有马上进去，而是沉默了一阵子，伸出双手去抚摸门旁一棵小树的枝杈。待到门打开时，水暖工已经笑逐颜开了。

邻居见状好奇地问："刚才你在门口的动作，有什么用意吗？"

水暖工回答说："这是我的'烦恼树'。我到外面工作，磕磕碰碰，总是有的，可是烦恼不能带进门。我就把它们挂在树上，明天出门再拿走。奇怪的是，每当第二天我到树前去拿时，'烦恼'都不见了。"

种棵烦恼树的人，没有见过，但是把烦恼带回家的人却是不计其数。在单位受了领导的气，或是在外面有什么不顺心的事，一整天都不开心。一回到家里，就会无缘无故地朝老婆孩子撒气。

如果老婆孩子脾气好，不和你一般见识，让你撒撒气算你运气好；如果赶上她们也不开心，定会上演一场家庭争霸战。

何必呢，外面再怎么不如意，都过去了，何必让家人和你一起承担烦恼呢？

在今天的社会里，心理承受能力与心理情绪调整能力是衡量一个人心理是否健康和成熟的一个重要标志。一个成熟的人，要有过滤能力，能把一些情绪垃圾拒之门外；其次要有净化消化能力，能把消极因素净化掉，不要堆积在心里，更不要传染给别人。

心态启示

> 每个人都有遇到烦恼问题的时候，但烦恼忧愁并不能解决问题，既然如此，为什么不放下烦恼，把它抛在门外呢？让我们每个人都种上一棵"烦恼树"，把烦恼挂在树上，把快乐带回家！做个快乐的发祥地，而不是阴霾的传播者。

第十一节　不以得为喜，勿以失为忧

因得到一点东西就兴奋狂跳，又因失去一点东西就捶胸顿足的人，本身就有一种不健康的心理，这是只顾眼前利益，不重未来发展。罗根史密斯说过一句极富智慧的话：生命中只有两个目标：其一，追求你所要的；其二，享受你所追求到的。只有最聪明的人可以达到第二个目标，才能在得失的心态上找到真正的平衡点，才能没有挫败感。

中国古代有一位神射手，名叫后羿。他勤学苦练，练就了一身百步穿杨的好本领，立射、跪射、骑射样样精通，而且箭箭都射中靶心，几乎从来没有失过手。人们争相传颂他高超的射技，对他非常敬佩。

夏王也听说了后羿的故事，于是，夏王命人把后羿找来，带他到御花园里找了个开阔地带，叫人拿来了一块一尺见方、靶心直径大约一寸的兽皮箭靶，用手指着说："今天请先生来，是想请你展示一下您精湛的本领，这个箭靶就是你的目标。为了使这次表演不至于因为没有竞争而沉闷乏味，我来给你定个赏罚规则：如果射中了的话，我就赏赐给你黄金万两；如果射不中，那就要削减你一千户的封地。现在请先生开始吧。"

　　后羿听了夏王的话，一言不发，面色变得凝重起来。他慢慢走到离箭靶一百步的地方，脚步显得相当沉重。然后，后羿取出一支箭搭上弓弦，摆好姿势拉开弓开始瞄准。

　　想到自己这一箭出去可能发生的结果，一向镇定的后羿呼吸变得急促起来，拉弓的手也微微发抖，瞄了几次都没有把箭射出去。后羿终于下定决心松开了弦，箭应声而出，"啪"地一下钉在离靶心足有几寸远的地方。后羿脸色一下子白了，他再次弯弓搭箭，精神却更加不集中了，射出的箭也偏得更加离谱。

　　后羿收拾弓箭，勉强赔笑向夏王告辞，悻悻地离开了王宫。夏王在失望的同时掩饰不住心头的疑惑，就问手下道："这个神箭手后羿平时射起箭来百发百中，为什么今天跟他定下了赏罚规则，他就大失水准了呢？"

　　手下解释说："后羿平日射箭，不过是一般练习，在一颗平常心之下，水平自然可以正常发挥。可是今天他射出的成绩直接关系到他的切身利益，叫他怎能静下心来充分施展技术呢？看来一个人只有真正把赏罚置之度外，才能成为当之无愧的神箭手啊！"

　　患得患失、过分计较自己的利益将会成为我们获得成功的大碍。我们应当从后羿身上吸取教训，面临任何情况时都应尽量保持平常心。

　　现实生活中，不是因为有些事情难以做到，才失去自信；而是因为失去了自信，事情才难以做到。自信是生命的力量，自信可以让生命更有分量。许多人不是因为无能而是因为无情，才限制了才能的发挥。更多的人是因为没有被逼到一定的程度，正如前面断壁后有追虎，进退都危在旦夕，抱着正是反正都是一死，跃身一跳，也便有了死里逃生的侥幸。

　　在我们选择的过程中，多数考虑别人对我们的付出多些，而对别人需要我们付出考虑甚少。其实，所有在痛苦中缺少再坚持一下的努力，正是自私大于无私的体现。因此，我们处于多重选择时，若能替他人比自己考虑得多些，这个社会将自然温馨和美好。

心态启示

> 所有期盼幸福想往轻松愉快的人，只有"不以得为喜，不以失为忧"的心态处理所有的事，快乐就会伴随一生……

第十二节　不必为失去的东西掉泪

不如意的事，就像米里的沙子，我们随时都可能遇到，有张口抱怨的工夫，我们完全可以吐掉它。

据说在法国的一个偏僻小镇里，有一眼神奇的泉水。从外表看，它和别的泉水没有什么不一样，但是却好像有神仙藏在里面，因为无论多么严重的病人，一旦用这里的水洗个澡，就会百病痊愈了。因此人们都称这眼泉水是"神泉"。

有一天，一个少了一条腿的退伍军人，拄着拐杖，一跛一跛地走过镇上的马路。镇上的人们带着同情的口吻说："可怜的家伙，难道他要向上帝请求再有一条腿吗？"

这一句话被退伍的军人听到了，他转过身对他们说："我不是要向上帝请求有一条新的腿，而是要向他请教。希望他能教会我，只有一条腿，该怎样过日子。"

万事如意，是人们真诚的祝福，但我们要清醒地认识到，那只不过是一个美好的祝愿而已，真正的生活中不如意之事常常发生。如果要抱怨的话，那我们每天似乎就没有其他的话可以说了。其实不开心的事，抱怨它也不能改变它，也不能有人帮你处理它。因为有些事是不可避免的，有些事是无力改变的，有些事是无法预测的。

我们不可能保证事事遂愿，但能做到坦然面对，该放则放，不要把一些垃圾总堆在心里，把乌云总布在脸上，把牢骚总挂在嘴上，否则你自己会是个倒霉蛋，周围的人也会觉得你烦人。

好心态是这样培养出来的

因此明智的人，遇到烦恼事会一笑了之，能补救的补救，无力改变的就坦然受之，调整好自己的心绪，做该做的事。

心态启示

> 有时候，我们无法改变残酷的现实，但我们却可以改变对待现实的态度，积极乐观地面对得与失，让自己的生命充满亮丽的色彩。

第八章　学会选择，懂得放弃

只有适合自己的，才是最好的。选择适合自己的，放弃不适合自己的。无论别人认为多好、多重要，只要它不适合自己，就要勇敢地放弃。

第一节　活着就是幸福

人间有两种生活方式：一种是快乐地活着，一种是痛苦地活着。这两种你可任意选择其一，而做出选择的关键在于你选择了什么样的生活态度。

世上再没有比活着更值得庆幸的。明白了这个道理，人生才会充满欢乐。活着，便要开心。

有位名人突然去世了，朋友们都来参加他的追悼会。

看着昔日那位行则前呼后拥、出则香车宝马的名人如今躺在骨灰盒里，人们不禁一阵感慨：百万家财不再属于他，宽敞的楼房也不再属于他，他所拥有的只有一个骨灰盒大小的空间，山珍海味浇灌的肚子也化成了一把灰烬。

从名人的追悼会上归来，几乎每一个人都会产生看破红尘的念头。那么精明、那么会算计的一个人，几乎每一个与他相斗的人最终都败下阵来。可是，他斗来斗去也斗不过命，撒手人寰以后，万事皆成空。

人们不禁感慨趁现在好好活着吧，活着就是幸福，你看名人的遗孀那泪水涟涟可怜兮兮的模样！什么名呀利呀、权呀势呀，轰轰烈烈过了一世，最后还不是照样一个人孤零零地走路？以前踩着那么多人的肩膀向上爬，得罪了那么多人，遭那么多人嫉恨，值吗？

追悼会是一次洗礼：从死亡的身边经过以后，才知道活着是怎么一回事。许多人心里在想：回到家以后，一定要给自己的死对头打个电话，让我们言归于好吧，让我们好好珍惜现在鲜活的生命吧。

心态启示

死亡的震撼与活着的琐碎是人生交织的难题。人们很容易被死亡震撼，更容易被活着的琐碎淹没。不要去在意那些纷繁复杂的纠葛，活着就是幸福。让我们好好珍惜当下快乐的人生与鲜活的生命吧！

第二节 如果我可以从头活一次

人生不可以重来，知道了这个道理，会发现我们平时为了一些无谓的东西克制自己的本性是多么的可惜。或许，我们可以活得更快乐一些，活得更加自我一些。

一位得知自己不久于人世的老先生，在日记簿上记下了这段文字："如果我可以从头活一次，我要尝试更多的错误，我不会再事事追求完美。"

"我情愿多休息，随遇而安，处世糊涂一点，不对将要发生的事处心积虑计算着。其实，人世间有什么事情需要斤斤计较呢？"

"可以的话，我会多去旅行，跋山涉水，更危险的地方也不怕去一下。以前我不敢吃冰激凌，不敢吃豆，是怕健康有问题，此刻我是多么的后悔。过去的日子，我实在活得太小心，每一分每一秒都不容有过失，太过清醒明白，太过清醒合理。"

"如果一切可以重新开始，我会什么也不准备就上街，甚至连纸巾也不带一张，我会放纵得享受每一分、每一秒。如果可以重来，我会赤足走在户外，甚至整夜不眠，用这个身体好好地感受世界的美丽与和谐。还有，我会去游乐园多玩几圈木马，多看几次日出，多和公园里的小朋友玩耍。"

"只要人生可以从头开始，但我知道，这不可能了。"

心态启示

人生真的不可以再来一次，以有限追求无限，请珍惜活着的感觉！

第三节　你不需要在乎太多

曾经，有个人总是埋怨生活的压力太大，生活的担子太重，他试图放下担子。可是，他依然觉得很累，压得他透不过气来。他听人说山脚下有位哲人，于是，他便去请教哲人。

哲人听完了他的故事，给了他一个空篓子，说："背起这个篓子，朝山顶去。可你每走一步，必须捡起一块石头放进篓子里。等你到了山顶的时候，你自然会知道解救你自己的方法。去吧！去找寻你的答案吧！……"

于是，年轻人开始了他寻找答案的旅程，背着一个空篓子，每走一步都从这世界上拾一样东西放进去。

刚上道时，年轻人精力充沛，一路上蹦蹦跳跳，把自己认为最好的、最美的，都一个一个扔进篓子里。每扔进一个，便觉得自己拥有了一件世上最美丽的东西，很充实、很快乐。于是，在欢笑嬉戏中他走完了旅程的三分之一。

可是，空篓子里的东西多了起来，也渐渐重了起来。他开始感到，担子在他的肩上压深了，而且越来越深，越来越深……但他依然很执著，并鼓励着自己：不远了，已经不远了！

这第二个三分之一的旅程确实是让他吃尽了苦头，他已经无暇顾及所遇到的那些世界最美丽、最惹人怜爱的东西了。

为了不让沉重的篓子变得更重，他毅然放弃了一些，只是挑选了一些非常轻的、非常需要的，或是必不可少的东西放进篓子。他深知，这样的放弃，是必要的。想走完全程，想达到目的地，总是眷恋身边迷人的事物，不顾轻重而只想得到，那么，人的一生也不过就是这样蹉跎岁月罢了。于是，他拖着沉重的步伐继续前行。

然而，无论你挑多轻的东西放入篓子，篓子的重量也丝毫不会减少，它只会加重，再加重，直到你无力承受，它还是会加重。

但是，他终于还是背起篓子，踏上了这最后三分之一的路程。

他明白，此时的路，真的已经不远了。他挪着脚步，已经不在乎捡到的是什么，放进篓子的又是什么。他早已麻木于眼前的一切事物，不管是美丽的、喜欢的、需要的，或是轻巧的。他已实在无力去挑选它们了，只要是在脚下的、在眼前的、在触手可及的地方，那么，他便捡起它，以作为最后一段旅程的验证品。

眼看着，离目标越来越近，他双手向后托起篓子，来了个最后冲刺。终于，他碰到了哲人的手，他走完了全程，结束了这一场奋斗史！

哲人问："现在，你知道答案了吗？"

他莞尔一笑，摇了摇头："我不知道答案，但现在，我也不需要知道了。"

"噢？"

"是啊！我把这次的旅程分成了3段。这就好比我人生中的3个阶段青年时期、中年时期和老年时期。在青年，我挑选了我认为是最美好、最纯真的事物，就像我天真烂漫的童年一样，没有压力，没有负担，只是单纯地认为它美丽，便捡起它；在中年，我挑选了我认为是最实在、最需要的事物，正如成年人一样，有自己的责任，有自己的负担，时刻要为一家上下打点一切，时刻都要保持着理性的头脑；在老年，我挑选了我认为是可以轻易得到，却又往往被人忽视的事物，或许老人们历经沧桑之后，已经懂得；原来他们最重要的事物，是眼前不被人重视的事物。

"回顾一生，我才发现，我的生活充满了酸甜苦辣，我的生活跌宕起伏，而我的生活，也不再是一片空白，不再是毫无意义！

"随着年龄的增长，我必须要肩负起生活的责任。也许，我会感到生活的压力，也许，这一份份的压力会越来越重，但在每一份重量增加的同时，我会得到惊喜、得到安慰，抑或是悲伤、抑或是痛苦。

"可人生，谁不是忽喜忽悲苦乐参半呢？没有起起伏伏的人生，这样去活着有什么意义呢？我的生活，不是平坦的，但在到达终点的那一刻，在回顾这三段旅程的那一刻，我比谁都自信，比谁都骄傲。因为，我有充实的生活，我活得精彩！所以现在，我又何必为怎样减轻这沉重而苦恼呢？"

哲人会心一笑。

心态启示

人生路上，我们不需要在乎太多，用心去感受生活，忽略那些沉重的包袱，这样才会活得精彩！

第四节　生命中的最后一天

珍惜每一天，把生命中的每一天都当做最后一天来过，生活可能会显得更有意义。

有一个人去求教心理医生，他抱怨道："我的生活乏味透了，真没意思。"

"那么我们做一个小小的实验吧，"医生说，"我告诉你怎么做。明天一早醒来的时候，你就想象并且假装那是你还能活着的最后一天。你躺在床上，努力试着下床，同时告诉自己，这是最后一次躺在柔软的床上了，也是最后一次从睡眠中醒过来了。

"然后，你下楼去吃早饭，要记住喔，那是你最后的一顿早餐。请太太替你弄一些你最爱吃的东西。不要像平常一样在餐桌上看报，反而要跟太太好好谈谈话，因为你以后再也没有这样的机会了。

"在去车站的路上，要慢慢地走，好好看看你自己的房子，你住的小镇，也好好看看你左邻右舍的房子，因为这也是最后一次了。

"上了火车，要明白那是你最后一次坐火车进城，你不喜欢的东西，也都要去瞧它一眼，因为你很快就要跟它们永别了。"

这个人答应了医生，要尽力去做这个实验，然后回来报告结果。

他根本没有等到第二天，马上就开始想象当天就是他的末日了。在回家的火车上，他仔细观察窗外景致，而不是像以前一样地翻阅晚报，结果，他发现小镇和村庄的灯光非常迷人，真正地品尝到了坐火车的乐趣。

然后在星空之下，他沿着洒满月光的街道走回家。到家门口，他不掏出钥匙开门，反而是按门铃。门打开来后，在金黄色的灯光下，站着的是结婚25年的妻子。他把太太紧紧搂住，并且给她一个生平最热烈的亲吻。

此时此地，他决定从明天起，在上帝给他的每一个日子里，都要好好地活下去。

心态启示

> 认真地对待生活，真心地对待他人，那么即使在生命的最后一天，你也能尽情地享受。

第五节　改变我一生的一句话

逃出了自筑的牢狱，就能找到美丽的星辰。

一位名叫瑟尔玛·汤普森的女士讲述了她自己的经历：

战时，我丈夫驻防非洲沙漠的陆军基地。为了能经常与他相聚，我搬到基地附近去住。那实在是个可憎的地方，我简直没见过比那更糟糕的地方。我丈夫外出参加演习时，我就只好一个人待在那间小房子里。天热得要命——仙人掌绿阴下的温度高达华氏125度，没有一个可以谈话的人。风沙很大，我吃的、呼吸的一切都充满了沙、沙、沙！

我觉得自己倒霉到了极点，觉得自己好可怜，于是我写信给我父母，告诉他们我要放弃了，准备回家，我一分钟也不能再忍受了，我情愿去坐牢也不想待在这个鬼地方。

我父亲的回信只有一句话，这一句话常常萦绕在我心中，并改变了我的一生：有两个人从铁窗朝外望去，一个看到的是满地的泥泞，另一个人却看到满天的繁星。

我把这几句话反复念了好几遍，我觉得自己很丢脸，决定找出自己目前处境的有利之处，我要找寻那一片星空。

我开始与当地居民交朋友，他们的反应令我心动。当我对他们的编织与陶艺表现出很大的兴趣时，他们会把拒绝卖给游客的心爱之物送给我。我研究各式各样的仙人掌及当地植物。我试着多认识土拨鼠，我观看沙漠的黄昏，找寻300万年前的贝壳化石，原来这片沙漠在300万年前曾是海底。

是什么带来了这些惊人的改变呢？沙漠并没有发生改变，改变的只是我自己。

因为我的态度改变了，正是这种改变使我有了一段精彩的人生经历，我所发现的新天地令我觉得既刺激又兴奋。我着手写一本书——一本小说——我逃出了自筑的牢狱，找到了美丽的星辰。

心态启示

> 人间有两种生活方式：一种是快乐地活着，一种是痛苦地活着。这两种你可任意选择其一，而做出选择的关键在于你选择了什么样的生活态度，换句话说就是你能否走出自筑的牢狱。

第六节　将快乐带给别人，也留给自己

当你能够带给别人快乐的时候，你就找到了活着的意义。

有个失意的人爬上一棵樱桃树，准备从树上跳下来，结束自己的生命。就在他决定往下跳的时候，附近的一所学校放学了。

成群放学的小学生走过来，看到他站在树上。一个小学生问他："先生，你在树上做什么呀？"

他心想，"总不能告诉小孩我要自杀吧。"于是他一边眺望远方，一边回答说："我在看风景。"

"你有没有看到身旁有许多樱桃？"小学生问。

他低头一看，发现原来他自己一心一意想要自杀，根本没有注意到树上真的长满了大大小小的红色樱桃。

"你可不可以帮我们采樱桃？"小朋友们说，"你只要用力摇晃，樱桃就

会掉下来了。拜托啦，我们爬不了那么高。"

失意的人有点意兴阑珊，可是又违拗不过小朋友，只好答应帮忙。他开始在树上又跳又摇的，很快地，樱桃纷纷从树上掉下来。地面上也聚集了愈来愈多放学的小朋友，全部都又兴奋又快乐地捡拾着樱桃。

经过一阵嬉闹之后，樱桃掉得差不多，小朋友也渐渐散去了。

失意的人坐在树上，看着小朋友们欢乐的背影，不知道为什么，自杀的心情和气氛全都没有了。他采了些周遭还没掉到地上去的樱桃，无可奈何地跳下了樱桃树，拿着樱桃慢慢走回家里。

他回到家时，仍然是那个破旧的家，一样的老婆和孩子。可是孩子们却好高兴爸爸带着樱桃回来了。当他们一起吃着晚餐，他看着大家快乐地吃着樱桃，忽然有一种新的体会和感动，他心里想着，或许这样的人生还是可以活下去的吧……

心态启示

当你也像故事里的人一样，热心地把樱桃树用力摇晃，或是摘下来分给别人时，你很容易就将快乐带给别人，也带给你自己。

第七节　人生因为失去而美丽

生活之所以美丽是因为生活有得有失。

国王有 7 个女儿，这 7 位美丽的公主是国王的骄傲。她们那头乌黑亮丽的长发远近皆知，所以国王送给她们每人 100 个漂亮的发夹。

有一天早上，大公主醒来，一如往常地用发夹整理她的秀发，却发现少了一个发夹，于是她偷偷地到了二公主的房里，拿走了一个发夹。

二公主发现少了一个发夹，便到三公主房里拿走一个发夹：三公主发现少了一个发夹，也偷偷地拿走四公主的一个发夹；四公主如法炮制拿走了五公主的发夹；五公主一样拿走六公主的发夹；六公主只好拿走七公主的发夹。于是，七公主的发夹只剩下 99 个。

隔一天，邻国英俊的王子忽然来到皇宫，他对国王说："昨天我养的百灵鸟叼回了一个发夹，我想这一定是属于公主们的，而这也真是种奇妙的缘分。不晓得是哪位公主掉了发夹？"

公主们听到了这件事，都在心里想说："是我掉的，是我掉的。"

可是头上明明完整的别着100个发夹，所以虽然懊恼得很，却都说不出口。

只有七公主走出来说："我掉了一个发夹。"

话才说完，一头漂亮的长发因为少了一个发夹，全部披散了下来，王子不由得看呆了。

故事的结局，想当然的是王子与公主从此一起过着幸福快乐的日子。

人不总是因为全部拥有而幸福，相反会因失去而美丽。

为什么一有缺憾就拼命去补足？100个发夹，就像是完美圆满的人生，少了一个发夹，这个圆满就有了缺憾，但正因缺憾，未来就有了无限的转机、无限的可能性，何尝不是一件值得高兴的事！

心态启示

人生不可避免的缺憾，你怎样面对呢？逃避不一定躲得过，面对不一定最难受；孤单不一定不快乐，得到不一定能长久；失去不一定不再有，转身不一定最软弱；别急着说别无选择，别以为世上只有对与错；许多事情的答案都不是只有一个。所以，我们永远有路可以走！

第八节　纵他几尺又何妨

宽恕意味着理解和通融，能表现出一个人的宽宏大量、光明磊落。它不但是一种交际技巧更是一种美德。

有个贫苦家庭里长大的孩子，刻苦读书，不负众望，考取了功名，做了大官。因为他是来自于农村，深知百姓的疾苦，因此在他执政期间，从未有过欺压百姓、贪污受贿之事，因此，被当地的百姓赞为"清官"。

一日，这位清官接到家里的一封信。他的哥哥在信中告诉他，自家盖房子时和邻居家为争地盘发生了争执。他希望当大官的弟弟能回家给自己撑撑腰，要回那块应该属于自己的地盘。

弟弟看完了哥哥的来信，神色格外凝重，他深知贫穷的家里盖一间房子不容易，可是他不愿用自己头上的乌纱帽去压那些和他们一样生活在贫困线上的父老乡亲。

沉默了一会儿，这位弟弟也给哥哥修书一封，信中只有4句话：'千里修书只为墙，让他几尺又何妨，万里长城今犹在，不见当年秦始皇。'

这个故事，想必很多人都听说过，但是有多少人能做到故事中的弟弟那样的胸怀、那样的洒脱呢？

人们之间的交往愈是亲密，越有可能产生分歧、争吵以及矛盾冲突，这往往令双方不快甚至造成伤害。那么是忽视这些分歧、冲突还是因此而放弃彼此间的亲密关系？其实这两者都不可取，前者类似于掩耳盗铃，后者无异于因噎废食，真正能解决问题的办法是宽恕。

宽恕并不意味着过去发生的事不再重要，而是表示自己放弃惩罚别人或报复别人的动机。

要做到这一点，首先要彼此认识到对方的伤害，这是宽恕的前提。有些人在没弄清楚自己的愤怒和痛苦之前就试图宽恕别人，结果自己的不满仍然无法消除。

其次，学会让痛苦成为过去。宽恕不是短期能实现的，它是一个痛苦的过程。然而图一时之快的报复对自己所拥有的人际关系有百害而无一利。

再次，去发现和承认别人的优点。当你深陷所受伤害的痛苦中时，别人在自己眼里简直一无是处。但只要你还能用一点点理智去发现并承认对方的优点，你会觉得这比单纯容忍对方的缺点更容易。知人所长，才能容人之短，就是这个道理。

心态启示

> 宽恕是为了修复彼此的关系，并不代表软弱。

第九节　人生要善选择、慎放弃

时事变幻无常，生活中会经常出现意外和失误，对于错误的事情，该放弃的就毫不犹豫地放弃，避免走入死胡同。

从前，有位商人狄利斯和他长大成人的儿子一起出海旅行。他们随身带上了满满一箱子珠宝，准备在旅途中卖掉，但是没有向任何人透露过这秘密。

一天，狄利斯偶然听到了水手们在交头接耳。原来，他们已经发现了这箱珠宝，并且正在策划着谋害他们父子俩，以占有这些珠宝。

狄利斯听了之后吓得要命，他在自己的小屋内来回踱步，试图想出个摆脱困境的办法。儿子问他出了什么事情，狄利斯便把听到的全告诉了他。

"同他们拼了！"年轻人断然道。

"不，"狄利斯回答说，"他们人太多，会制服我们的。"

"那把珠宝交给他们？"

"也不行，他们还会杀人灭口的。"

过了一会儿，狄利斯怒气冲冲地冲上了甲板，"你这个笨蛋儿子！"他叫喊道，"你从来不听我的忠告！"

"老头子！"儿子叫喊着回答，"你说不出一句值得我听进去的话！"

当父子俩开始互相谩骂的时候，水手们好奇地聚集到周围。狄利斯突然冲向他的小屋，拖出了他的珠宝箱。

"忘恩负义的儿子！"狄利斯尖叫道："我宁肯死于贫困也不会让你继承我的财富！"

说完这些话，他打开了珠宝箱，水手们看到这么多的珠宝时都倒吸了一口凉气。狄利斯又冲向了栏杆，在别人阻拦他之前将他的宝物全都投入了大海。

过了一会儿，狄利斯父子俩都目不转睛地注视着那只空箱子，然后，两人躺倒在一起，为他们所干的事而哭泣不止。

后来，当他们单独一起待在小屋时，狄利斯说："我们只能这样做，孩子，再也没有其他的办法可以救我们的命！"

"是的，"儿子答道，"您这个法子是最好的了。"

轮船驶进了码头后，狄利斯同他的儿子匆匆忙忙地赶到了城市的地方法官那里。他们指控了水手们的海盗行为和犯了企图谋杀罪，法官逮捕了那些水手。

法官问水手们是否看到狄利斯把他的珠宝投入大海，水手们都一致说看到过，法官于是判决他们都有罪。

法官问道："什么人会弃掉他一生的积蓄而不顾呢？只有当他面临生命的危险时才会这样去做吧！"水手们只得赔偿了狄利斯的珠宝。

心态启示

> 人生难免空白和遗憾，明智者懂得该放弃时就放弃。生活不是单纯的取与舍，有所得必有所失，所以，我们不必斤斤计较暂时失去的，有时候得到的比失去的更可贵。做出正确的选择，才能更好地把握命运。

第十节 做胆小鬼最容易

逃避解决不了任何问题，选择逃避还是选择迎战苦难，全在自己的选择。

一天，智慧老人正漫步山间，忽见一少年站立崖边，正欲跳崖。

智慧老人说："我在此山已经20年了，从来不曾见过鬼，今天总算见到鬼了。"说着大笑起来。

"鬼？你说谁是鬼？"少年问。

"你呀！你不正是个胆小鬼吗？"老人说。

"我是胆小鬼？"少年愤然，"为了我的所爱，敢于舍弃生命，你说我是胆小鬼？！"

"是呀，你在人生难题面前，选择的是放弃人生，却不敢以积极的态度去面对。世界之上，唯死最易，双目一闭，一了百了，而活着——尤其是有意义地活着最难。你弃难而选易，不是胆小鬼是什么？"

少年说："可是活着，我太烦恼。"

智慧老人道："随缘自适，烦恼自去。"然后，他又解释说："人生岂能无求？求而得之，我自高兴；求而不得，我也无忧——苦乐随缘，得失随缘而已。以'入世'的态度去耕耘，以'出世'的态度去收获，哪里还有烦恼可言？"

"您是说，全力付出，不求索取？"

"正是。正如种树时尽心尽力、施肥浇水、毫不懈怠。至于收获果实多少，则是缘了。"

"唉！随缘的境界，虽然美妙无比，可是却很难做到啊！"少年感叹道。

"所以，还是做胆小鬼最容易啊。"

智慧老人说完，抚掌大笑而去。

心态启示

> 为了美好的未来，全力以赴去拼搏，至于结果如何，就顺其自然。以积极的心态、开放的心态面对现实，生活的天空自会无比宽阔。

第十一节 痛苦和快乐共同滋补人生

快乐是一种营养，痛苦是比快乐更丰盛的营养，它们共同滋补着人生，让生命迸发出无限活力和蓬勃生机。

有一位做父亲的人，在他很小的时候父母就去世了，他成了一名孤儿，孤苦伶仃，一无所有，流浪街头，受尽磨难，最后终于创下了一份不菲的家业，而他自己也已经到了人生暮年，该考虑辞世后的安排了。

他膝下有两子，风华正茂，一样的聪明，一样的踏实能干。几乎所有的人包括他自己，都认为应该把财产一分为二，平分给两个儿子。但是，在最后一刻，他改变了主意。

他把两个儿子叫到床前，从枕头底下拿出一把钥匙，抬起头，缓慢而清楚地说道："我一生所赚得的财富，都锁在这把钥匙能打开的箱子里。可是现在，我只能把钥匙给你们兄弟二人中的一人。"

兄弟俩惊讶地看着父亲，几乎异口同声地问道．"为什么？这太残忍了！"

"是，是有些残忍，但这也是一种善良。"父亲停了一下，又继续说道，"现在，我让你们自己选择。选择这把钥匙的人，必须承担起家庭的责任，按照我的意愿和方式，去经营和管理这些财富。拒绝这把钥匙的人，不必承担任何责任，生命完全属于你自己，你可以按照自己的意愿和方式，去赚取我箱子以外的财富。"

兄弟俩听完，心里开始有了动摇。接过这把钥匙，可以保证你一生没有苦难、没有风险，但也因此被束缚，失去自由。拒绝它？毕竟箱子里的财富是有限的，外面的世界更精彩，但是那样的人生充满不测，前途未卜，万一……

父亲早已猜出兄弟俩的心思，他微微一笑："不错，每一种选择都不是最好，有快乐，也有痛苦，这就是人生。你不可能把快乐集中，把痛苦消散。最重要的是要了解自己，你想要什么？要过程，还是要结果？"兄弟俩豁然开朗。

哥哥说："弟弟我要这把钥匙，如果你同意的话。"

弟弟微笑着对哥哥说："当然可以，但是你必须答应我，好好管理父亲的基业。如果你答应我的话，我就可以放心去闯荡了。"

二人权衡利弊，最终各取所需。这样的结局，与父亲先前的预料不谋而合，因为这时候最了解儿子的莫过于看着他们长大的父亲。他们一个重责任、有爱心，一个酷爱自由，喜欢无拘无束的生活。

20多年过去了，兄弟俩经历、境遇迥然不同。哥哥虽然生活舒适安逸，但是并没有沉沦，把家业管理得井井有条，性格也变得越来越温和儒雅，特别是到了人生暮年，与去世的父亲越来越像，只是少了些锐利和坚韧。

弟弟生活艰辛动荡，几起几伏，受尽磨难，性格也变得刚毅果断。与20年前相比，相差很大。最苦最难的时候，他也曾后悔过、怨恨过，但已经选择了，已经没有退路，只能一往无前，坚定不移地往前走。经历了人生的起伏跌宕，他最终创下了一份属于自己的事业。这个时候，他才真正理解父亲，并深深地感谢父亲，引导他们选择了自己喜欢的人生道路。

心态启示

　　人生总是充满了选择，每一种选择都携带着快乐和痛苦。

第十二节　妈妈只在乎现在

　　能够不计较过去的得失，才能珍惜和拥有现在的美满，也才能收获明天的成功和希望。

　　一天，一个9岁的孩子和他妈妈闹着玩。小男孩翻着爸爸的相册，赫然一个面容姣好、身材漂亮、充满青春活力的妙龄少女，使人眼睛一亮。

　　"妈妈，这个大姑娘是爸爸以前的女朋友，"孩子歪着头逗他妈妈，"这是爸爸说的。妈妈，你气不气？"

　　"有什么气的？都是过去的事了，只要你爸现在是我的。小孩子别瞎说。"已经肥胖的妈妈脸上洋溢着幸福的笑，老公确实对她很不错。人有本事，又老实，在单位人缘、名声极佳，她真够幸福！

　　"只要现在是我的！"她能够真诚地原谅和理解丈夫的过去，并在现实中奉献全部的爱心来关心和照顾丈夫。她从不对丈夫斤斤计较、耿耿于怀，如此豁达的心胸怎能不令全家相处安然、甜蜜幸福呢？

　　小李研究生毕业，几经周折分到一个工作稳定、效益和福利又很不错的单位——石化公司，有多少人是那么羡慕他。

　　在单位一年多，小李一直处于公司的最基层，做一些基础工作，这也是深入社会、了解工作情况的起点，而他总是不如意。

　　他不知足，又经几番周折，调到了另外一个看似灵活而实则亏损的单位，他想快速发展。然而到了新的单位，仍然得从基础做起，他又一次不满足，转到了另一个单位……他终于不再转了，也终于没有发展起来。

是的，大凡开始一项工作都必须首先从头做起、从开始做起，就如许多富翁教育和培养儿子，把他放在基层，从推销员做起一样，这是一个培养才能，取得成功的起点，这是每个取得成功的人都要经历的过程。然而小李没有能够坚持，因为他太不知足。

"只要现在是我的"，是一种对世事的豁然与达观，是一种对待自身处境的知足和满意，也是一种发展的沉着与务实。

能够满足于"只要现在是我的"，才能珍惜你所梦寐以求的东西，才会呵护、努力保持并使这美梦持续和升华。可是世人却都太过于相信自己的能耐，得陇望蜀、永不知足。

俗话说得好"知足者常乐"。那些想入非非、异想天开的事情偶尔想一次无妨，但把这些幻想甚至妄想作为生命的日程，并要付诸行动，只会使你浪费时光，快乐又从何而来。

"一旦拥有，别无所求"，拥有美好的事物时，我们说应该居安思危，就是说要好好地珍惜它，使它永远成为自己的一份实在，一份瑰宝。

心态启示

"只要现在是我的"，你不仅能避免异想天开、辗转的疲惫与烦忧，而且会使你在务实中取得超常的成功。

第九章　做人一定要灵活一点

为了达到最终的目的，有时候我们就要懂得变通，懂得如何去适应环境和潮流，只有这样，我们才能找到一条适合自己的生存之道。学会在生活中转换思维，灵活地跨越生命中的每一道障碍，对一个人的成功是非常关键的。

第一节　做人不必太较真儿

在不违背做人原则和做事原则的情况下，结合具体情况灵活处理各类事情，才能把事情做得更好，才能灵活应对各种困难。

两匹精良的马，因为不堪主人的驱使，在一个漆黑的夜晚，逃离了主人的马厩，从此过着无人看管的自由生活。

这两匹马信马由缰地奔跑，几天后，竟然来到了一片大草原。眼前全是绿油油的青草，它们一边吃，一边兴奋地继续向前走。

鲜嫩的小草，给它们的胃带来了从来没有的舒适，在它们的印象中，好像从来没吃过这样的美味。看来没有人驱使的生活真是太幸福了。

这两匹幸福的马，一边庆幸自己的逃脱，一边享受着大自然的恩惠，不知不觉就接近沙漠的边缘了。它们越走越远，而草越来越少，直到有一天，满眼都是黄沙，再也看不到青草的影子了。这时候，它们才慌了，知道自己走错了路。饥肠辘辘的两匹马都不知道，前面还有没有青草。

其中一匹马，忍受不了饥饿，调转方向，沿原路返回去找美味的青草。另一匹却坚持想："我是一匹精良的马，好马不吃回头草。"后来，在饥饿的折磨下，它倒在了沙漠中。那匹回头的马却因为找到了青草得以生存。

有些人往往碍于面子和勇气而不愿去吃"回头草"，尽管那"草"又鲜又嫩，殊不知这样却把自己的路堵死了。每个人的观念都有所不同，但在面对残酷的现实时，人们首先考虑的是生存问题而不是面子和勇气的问题。要知道，一个饿死的"好马"就变成了"死马"，而不是好马！

做人的难处似乎就是每时每刻都会面临的选择，有时候要勇往直前，可是那也许意味着要牺牲很多。与其付出昂贵的代价换来前进，还不如选择回头。从保存实力的角度来讲，选择回头也不是什么错。

宁折不弯是一种摄人心魄的骨气，可是人生不是你死我活的战场。回头是自然而然的选择，是更高意义的前进。

心态启示

在不涉及到原则的问题上，不必太较真儿，适当的弯曲不是认输，不是无能。

第二节 对人对事要留些余地

做人，实在应为自己的失败买保险。你平时怎样待人，将决定你失意时别人怎样待你。你失意时别人怎样待你，也决定了你的失败能妙手回春还是一败涂地。

有只狐狸惊惶失措地跑进个村落，喘得上气不接下气，四肢发软，特别的狼狈。一只站在枝头上的鹦鹉看了，便问道："狐狸先生，您这是怎么了啊？"狐狸一脸惨淡，气喘吁吁地说："后……后面有一大群猎犬在追我！"

鹦鹉听了心急地大叫："哎呀！那你赶快到村口那位薛大婶家里躲一躲吧。她人最好，一定会收留你的。"

狐狸一听，"薛大婶？不行，前两天我偷了她鸡舍的鸡，她不会收留我的。"

　　鹦鹉想了想，又说："没关系，石樵夫的家离这里也不远，你赶快跑去他那儿躲起来呀！"

　　狐狸却说："石樵夫？也不行，几天前我趁他上山砍柴时，偷吃了他女儿养的金丝雀，他们一家正痛恨我呢！"

　　鹦鹉又说："那么，你去投靠庄大夫吧，他是这村里唯一的医生，非常有爱心，一定不忍心看你被抓的。"

　　狐狸尴尬地说："那个庄大夫吗？上次我到他家里，把他存的肉片给吃得一干二净，还把他院子里种的郁金香给踩烂了！我没脸再回去找他。"

　　鹦鹉无奈地问："难道这个村里都没有你可以信赖的人了吗？"

　　狐狸回答："没有，我平时常得罪他们啊！"

　　鹦鹉摇摇头，说："唉，那么我也救不了你了。"

　　最后，这只平日里耀武扬威的狐狸，就这么被猎犬给抓住了。

　　没有人一生可以永远一帆风顺，没有人可以保证自己永远高枕无忧。即使一个人平日再风光、再得意，有一天也可能面临种种失败与危机。当你失败时，你有朋友可以扶你一把吗？你身旁的人会热心地伸出援手呢，抑或冷漠地袖手旁观呢？

　　做人，实在应为自己的失败买保险。你平时怎样待人，将决定你失意时别人会如何待你。你失意时别人怎样待你，也决定了你的失败能妙手回春还是将一败涂地。

心态启示

　　当然，你不必做一个是非不分、四处迎合他人的老好人，但下回当你情绪中的"我"准备大发雷霆、刁难他人时，不妨给自己踩个刹车，别把话讲死，别把事做绝了！否则下回当你有求于人时，你将变成那只求助无门的可怜的狐狸。

第三节　给别人机会，就是给自己机会

有一些人总想算计别人，可是到头来往往把自己给算计了。生活经常是这样：你不给别人活路，最终你将会自断生路；你给别人机会，同时也是给你自己机会。

老农向一位地主借了 100 枚金币。他请来几位朋友与家人一起辛辛苦苦地盖了一座两层楼房。

老农还没搬进新楼房，地主就企图把楼上那一层弄过来自己住，算是老农拿房子抵债。他对老农说："老农，请把二层让给我住，我借给你的那100 枚金币就算是抵消了。不然，请你马上还我钱。"

老农听了地主的话，显出很不情愿的样子，说道："地主老爷，我一时半会儿还不了您钱，就照您的意思办吧！"

第二天，地主全家喜气洋洋地搬进了新房子的二楼，过了数日，老农请来几位朋友和邻居，大家一齐动手拆起一层的墙来。地主听见楼下有声音，跑下来一看，吃惊地叫道："老农，你疯了吗，为什么要拆新盖的房子？"

"这不关你的事，你在家里睡你的觉吧！"老农一边拆墙一边若无其事地说。

"怎么不关我的事呢？我住在二楼，你拆了一楼，二楼不就塌下来了吗？"地主急得直跺脚。

"我拆的是我住的那一层，又没拆你住的那一层，这与你没什么关系，请你好好看住你那一层，可别让它塌下来压伤了我和我的朋友。"老农说完，又高高地抡起了铁锹。

"老农，老农，看在我们多年交情的份上，我们可以好好商量商量，请把你的那一层也卖给我好吗？"地主无奈，只好放软口气。

"如果你真心实意地想买，就请你给我 200 枚金币。"老农说。

"你……你……"地主气得说不出话来。

"地主老爷，你不要吞吞吐吐，200 枚金币少一个子儿我也不卖，我是拆定了。"说着，老农又高高举起了铁锹。

"老农，老农，别拆，别拆！我买，我买还不行吗！"地主只好抱出200枚金币买下了这所房子。

心态启示

> 做事不能做绝，让别人好过，自己也会好过。

第四节　善待他人就是善待自己

你尊重别人，别人也会尊重你；你爱护别人，别人也爱护你。总之你怎样对待别人，别人就会怎样对待你。不要总是抱怨别人对你不好，他们这样做，其原因可能是你先对他们不好。不要忘了，善待他人就是善待自己。

从前，在遥远的意大利有一个名叫弗恩斯的小孩，他非常爱他的祖父。祖孙俩是很好的朋友，他们在一起度过了许多美好的时光。弗恩斯喜欢坐在祖父的膝头上，瞪着一双灰色的大眼睛听祖父给他讲故事。

祖父讲起故事来有声有色，讲的故事有神话、英雄传说，也有祖父本人曾抓到一只鹰之类的扣人心弦的狩猎故事。祖孙俩常常在假设的境界里旅行，捕猎想象中的狮子和老虎。无论故事多么荒诞，游戏多么离奇，祖孙俩的关系仍是实实在在的。这种关系使老人保持着对生活的依恋。

3年前弗恩斯的祖母去世以后，祖父和弗恩斯的父母一起生活。弗恩斯的母亲是一个善于照顾丈夫和儿子的能干女人，但她却不懂得老人的孤独。有时她对老人很不耐烦，尤其是老人的双手发抖，手中的东西不时滑落的时候。

一天吃晚餐时，祖父拿起杯子喝咖啡，但他那可怜的苍老的手又颤抖起来，咖啡泼到了洁白的桌布上，杯子从手中落下，在地板上摔得粉碎。母亲因此生气，厉声责备老人。祖父无言以对，只是用充满痛苦的眼光看着她。弗恩斯也没有说什么，但他再也吃不下晚餐了，心中的悲愤几近一触即发，小小的心灵中充满了对可怜而又可爱的祖父的同情。

那以后，祖父只好独自一人在厨房里的小桌子上就餐。当他被告知这种新的安排的时候，什么也没有说，但在他的眼神中，在他给小孙子的微笑中，无不带着悲伤。

从那个晚上起，弗恩斯总是一吃过晚饭就借故离开，跑到厨房里和他热爱的老人待在一起。祖父总是把他放在自己的膝头上并给他讲故事。当那些魔术般的语言开始描绘出令人神往的世界时，那空空的小厨房就变成了一个没有痛苦、没有悲伤的美妙境地，这一老一少可以手拉着手快乐地漫游其中。

随着时间的推移，祖父愈见年迈。他更加虚弱，双手抖得也越来越厉害。一天晚上，他独自坐在厨房里进餐，盛着麦片粥的碗掉了，粥溅了一地，碗也打成了碎片。弗恩斯跟在父母身后来到厨房门口，只见干干净净的地板上已溅满了麦片粥。母亲用前所未有的严厉口气大声斥责，并且说她只有给老人一个木碗进餐了。她说，她不能因为老头子变得粗心大意而容忍她心爱的东西被打坏。

她用拖布擦洗地板，责骂声、叽叽咕咕的埋怨声不绝于耳，直到地板一干二净才罢休。站在一旁默默无语的弗恩斯目睹了这一切。

突然，弗恩斯走到母亲曾经清扫饭碗碎片的壁炉边，小心地拣出了碎片并着手把它们拼接起来。他做得那么认真，不一会儿，那个碗看上去就跟完好无损的一样了。然后，他从壁炉旁边取来一小块木头开始削起来。他的眼睛不停地看那个陶碗，好像是以它为模型。过了一会儿，父母走过来，想看看他在干什么。

"你做的是什么东西，弗恩斯？"母亲爱怜地问道。她总是亲切地对她的小儿子讲话。

"我正在给你做一个木碗，等你老了的时候好用。"弗恩斯回答说。

弗恩斯的父母你看看我，我看看你。他们羞愧难当，以致不敢看弗恩斯的眼睛。接下来，母亲挽着祖父的胳膊，领他回到餐厅中的桌子边。她就站在祖父的旁边，伺候他用餐。

从那时起，祖父再也没有独自一个人在厨房里进餐。在餐厅里，他坐在他原来的座位上，紧靠着弗恩斯。

弗恩斯又快乐起来了。呵，真是快乐之至！祖父受到了爱戴和照顾。

当弗恩斯观察父母时意识到，他们正感受到一种新的、美妙的幸福——爱心和仁慈带来的真正持久的幸福。

心态启示

> 父母是孩子的第一任老师，父母的言传身教会影响孩子的一生，要想孩子将来孝敬自己，就要现在孝敬老人，给孩子树立榜样。

第五节　要懂得变通，适应潮流

为了达到最终的目的，有时候我们就要懂得变通，懂得如何去适应潮流，只有这样做才能找到一条适合自己的生存之道。

有一条河流从遥远的高山上流下来，经过了很多个村庄与森林，蜿蜒曲折，最后它来到了一个沙漠。它想："我已经越过重重的障碍，这次不能让这个沙漠阻碍我前进的步伐！"

当它决定越过这个沙漠的时候，它发现它的河水渐渐消失在泥沙当中，它试了一次又一次，总是徒劳无功，于是它灰心了："也许这就是我的命运了，我可能永远也到不了传说中那个浩瀚的大海。"

它颓丧地自言自语。这时候，四周响起了一阵低沉的声音："如果微风可以跨越沙漠，那么河流为什么不可以，你不试一试怎么就放弃了。"原来这是沙漠发出的声音。

小河流很不服气地回答说："那是因为微风可以飞过沙漠，可是我却不行，我和它根本就没法相提并论。你应当也感觉到了，我的河水都一点一滴融入到你的身体里了，如果我就这么试下去的话，不久我就会消失。"

"因为你坚持你原来的样子，所以你永远无法跨越这个沙漠。你必须让微风带着你飞过这个沙漠，到你的目的地。你只要愿意放弃你现在的样子，让自己蒸发到微风中，这样的话你一定可以过去的。"沙漠用它低沉的声音这么说。

小河流从来不知道有这样的事情，也有可能它经历过，只是它从没把这些放在心上。"放弃我现在的样子，然后消失在微风中？不！不！我不能这样干。"

小河流无法接受这样的概念，毕竟它从未有这样的经验，叫它放弃自己现在的样子，那不等于是自我毁灭吗？"我怎么知道这是真的？"小河流这么问。

"微风可以把水气包含住，然后飘过沙漠，到适当的地点，它就把这些水气释放出来，于是就变成了雨水。然后，这些雨水又会形成河流，继续向前到达任何你想去的地方。"沙漠很有耐心地回答。

"那我还是原来的河流吗？"小河流问。

"可以说是，也可以说不是，这主要是看你自己怎么对待这件事情了。"沙漠回答，"不管你是条河流或是看不见的水蒸气，你内在的本质从来没有改变。你会坚持你是一条河流，因为你从来不知道自己内在的本质。"

此时小河流的心中，隐隐约约地想起了自己在变成河流之前，似乎也是由微风带着自己，飞到内陆某座高山的半山腰，然后变成雨水落下，才变成今日的河流。于是小河流终于鼓起勇气，投入微风张开的双臂，消失在微风之中，让微风带着它，奔向它生命中（某个阶段）的归宿。

我们的生命历程不也正像小河流一样，想要跨越生命中的障碍，达成某种程度的突破，往理想中的目标迈进，也需要有"放下自我"（执著）的智能与勇气，去迈向未知的领域。当环境无法改变的时候，你不妨试着改变自己，这样也许一切都可以得到改善。

心态启示

> 学会在生活中转换思维，灵活地跨越生命中的障碍，对一个人是非常关键的。

第六节　不要任凭性情做事

人活于世，做人做事若能"率性而为"，那人生就没什么好遗憾的了。问题是，你不是天地间唯一的存在，可以想做什么就做什么，而别人也不可能为了你而存在，对你一切都言听计从。人的一生中，总会遇到许多人际关系和事业上的不如意，这些不如意需要以智慧和耐心去解决，而不是靠你一时的喜恶和脾气。

如果你看不惯老板的苛刻，就说："老子不干了。"这样并没有解决问题，因为苛刻的老板很多，你在别的地方也会碰到，而你辞职，又有谁在乎呢？你若失业，不仅没人在乎，说不定还有人在偷笑哩！如果你嫌工作辛苦，就任性地放弃，那么你放弃的可能是一个绝佳的机会，当然，也没有人在乎你的放弃，因为那是"你自己的事"。

如果某人激怒了你，你就拿起刀子……那么，你坐了牢，毁了一生，倒霉的是你，伤心的是家人，别人是一点也不在乎的……那是"你自己的事"呀！

最重要的是，时间久了，你就会养成一种放纵自己情绪的习惯，遇到问题就顺着性子去做，有时候你真的解决了问题，但也许为你自己的将来埋下了祸因。也许你得罪了很多人，即使他们不说，日后还是会伺机报复的。因此长久下去，对你的事业和人际关系就会破坏多、建设少，甚至还有可能带来毁灭。尤其你一旦给人"不能控制情绪"的印象，那真的是难以翻身。所以落魄的、自我毁灭的人，多半是一种性情之人，这一点，只要我们观察那些人就可明白。

或许你会说，某人有显赫的家世、雄厚的家产，当然可以"任性而为"。这种人也就随他去了，因为如果想任性而为，别人也劝不了的。问题是，你有这种"任性而为"的条件吗？何况这种人任性而为的结果常常是毁灭哩！

所以，无论在事业上还是人际关系上，遇到不如意时，请别说"只要我喜欢，有什么不可以"，而是应该：

1. 忍耐；

2. 掂量轻重；

3. 然后再做出决定。

让糊涂成为一种策略。

心态启示

审视一下你的性情，如果不好，那就改改你的性情，更不可任着自己的坏性情随意而为！

第七节　生活要常常转变念头

相互理解是人们彼此亲近的真正原因，没有宽容，人们是无法妥近对方的。

当库克驾驶着蓝色的宝马回到公寓地下的车库时，又发现那辆黄色的法拉利停得离他的泊位那么近。"为什么老不给我留些地方！"库克心中愤愤地想。

库克想把车挤进他的停车位并不是件容易的事情，一边是黄色的法拉利，一边是水泥柱。他不得不来回倒几趟车……

有一天，库克比那辆黄色的法拉利先回到家。当他正想开进车库里的时候，那辆法拉利开了进来，驾车人像以往那样把她的车紧紧地贴着库克的车停下。库克实在无法忍耐，外加他正患感冒，头疼得厉害，况且他还刚收到税务所的催款单。于是库克怒目瞪着黄色法拉利主人，大声喊道："瞧你！是不是可以给我留些地方？你离我远些！"

黄色法拉利主人也瞪圆双眼，回敬库克："和谁说话哪！"她边尖着嗓门大叫，边离开车子，"你以为你是谁，是总统！"说完对库克不屑一顾地扭转身子走了。

库克咬咬牙心想："我会让你尝尝我的厉害。"第二天，库克回家时，黄色的法拉利正好还未回车库，库克把车子紧挨着她的泊车位停下，这下她也会因为水泥柱子而打不开车门的。

接着的几天，那辆黄色的法拉利每天都先于库克回到车库，逼得库克好苦。

有一天，库克转变车的反光镜以避免被水泥柱子撞着时，真想有个机会好好教训她一下，可转念一想："老这样下去能行吗？该怎么办呢？"不过库克立即有了一个好主意。

第二天早晨，黄色法拉利的女主人一坐进她的车子就发现挡风玻璃上放着一个信封。便条上这样写着——

亲爱的黄色法拉利：

很抱歉我家的男主人那天向你家女主人大喊大叫。您知道，人们的行为有时会变得多么疯狂。自打那以后，他一直觉得过意不去，他并不是有意针对哪个人的，这也不是他惯有的作风，只是那天他从信箱里拿到了带来坏消息的信件。我希望您和您家的女主人能够原谅他。

您的邻居蓝色宝马

第二天早晨，当库克走进车库，一眼就发现了挡风玻璃上的信封，他迫不及待地抽出信纸。

亲爱的蓝宝马：

我家的女主人这些日子也一直心烦意乱，因为她刚学会驾驶汽车，因此还停不好车子。从今以后，我们会把车子尽量停得离你们的车远些。我很高兴现在我们可以成为朋友了，我家女主人很高兴看到您写的便条，她也会成为你们的好朋友的。

您的邻居黄色法拉利

当库克开始发动汽车时，不禁暗自笑出了声。从那以后，每当蓝色的宝马和黄色的法拉利再相见时，他们的驾车人都会愉快地微笑着打招呼。

心态启示

> 对待他人也要像对待自己一样，这样我们的许多矛盾就可以轻松解决了。我们对他人不能不加理解地予以埋怨，这样不仅于事无补，而且可能带来一些不必要的麻烦。

第八节　以宽广的心胸对待他人

为人处世要灵活，不能死板教条钻牛角尖，死板教条的做事和做人都是不可取的，都不利于做事效率和快乐原则。

最初，鸟儿们互不理睬，彼此之间仿佛有着深仇大恨，要是一只鸟儿看见了别的鸟儿，它立即就会说："我比你好得多。"另一只会回答说："才不呢，我比你好得多。"然后它们就吵起架来。

有一天，野鸡碰见了乌鸦，恰好心情不错，不想吵架，它说："乌鸦，你比我好啊！"乌鸦听了野鸡的话，不光很惊奇，也很高兴，它很有礼貌地回答："不，不，野鸡，你比我好得多。"

这两只鸟儿就坐下谈起话来。然后，野鸡对乌鸦说："乌鸦，我很喜欢你。让我们住在一块吧。""好的，野鸡。"乌鸦回答。从此两只鸟儿就住在一棵大树上，时间越久，他们彼此越关心。它们并没有由于熟识而彼此轻视，反而更加互相尊敬了。

别的鸟儿瞧着野鸡和乌鸦的交往，很感兴趣。两只鸟儿能在一块住那么长时间而不争吵，真是奇怪。有些鸟儿要来考验一下它们的友情。

因此，这些鸟儿在乌鸦不在的时候去找野鸡说："野鸡，你为什么和没有用的乌鸦一块儿住呢？""你快别这样说，"野鸡回答，"乌鸦比我好得多，和它同住在一棵树上，我是很光荣的。"

第二天，趁野鸡不在的时候，鸟们又去找乌鸦说："乌鸦，为什么你和那个没用的野鸡住在一块呢？""你快别这样说，"乌鸦说，"野鸡比我好得多，和它同住在一棵树上，我是很光荣的。"

野鸡和乌鸦对待彼此的态度，深深地感动了群鸟。它们都说："为什么我们不能也像野鸡和乌鸦一样，不再吵闹下去呢？"

从那天起，群鸟就有了友情，也彼此尊敬了。从此，鸟儿们就快乐地在林子里一起唱歌、生活。

好心态是这样培养出来的

> 　　你待人过于苛刻吗？你对别人的批评多于赞美吗？责备和批评只会带来更大的怨恨和不满，而赞美与尊敬他人的力量是巨大的。学会接纳，并以宽广的心胸对待他人，你将得到更多的快乐。

第九节　为人处世也应多看大节

　　能容人是一种气量，善于看到别人的优点，更是一种智慧。

　　一个人如果太苛求于别人，处处挑剔别人的缺点，那他也就很难有几个朋友。因为金无足赤、人无完人，每个人都是有缺点的，只要不是原则性的问题，就应该以宽容的态度去对待别人，在小事上糊涂一些。正像刘安在《淮南子》中讲的："人有厚德，无问其小节，人有大誉，无疵其小过。"

　　孔子作为教育家，弟子三千，对这方面也颇有体会，他认为人的德行，大处不可逾越界限，小处可以有些出入。朱熹对此解释说，这是强调人要先立大节，大节立住了，小的方面或许有些未尽合理，也无多大妨碍。所以，为人处世也应多看大节。

　　南宋时南阳人宗悫，是个很有才干的人，好武术，且重感情、讲义气，但乡里人有些并不理解他。其中有个叫庾业的人，家中很富有，常邀请别人吃饭，而且饭菜都很好、很充足。一次，他请人吃饭，宗悫也在客人之列，但庾业专给他准备了粗茶淡饭，还对客人们说："宗悫是个习武的人，他可以吃这些粗食。"

　　这在一般人看来，可能近乎侮辱，但宗悫并不介意，吃饱后就离开了。后来，宗悫做了豫州刺史，庾业却成为他手下的一个长史。如果记着当年的羞辱，这该是报复的最好机会。但宗悫却对庾业很好，一点不将过去的事放在心上。由于有这样的气度，宗悫不久又被提拔为振武将军。

　　伯乐相马，是妇孺皆知的故事，他之所以能从很多马中挑出千里马，是因为他能忽略各种次要因素，而抓住最主要的因素。伯乐年纪大了以后，秦穆公对他说："你的年纪大了，你的儿孙中有可以代你去找千里马的吗？"

伯乐回答："一般的好马，可以从它的形貌和筋骨上去观察，但真正的千里马，恍恍惚惚，从外表上难以看清。我的子孙是才能低下的人，可以识别一般的好马，但不能识别千里马。"他向秦穆公举荐了一个同挑迁柴的朋友，叫九方皋，希望秦穆公能用此人。

秦穆公召见了九方皋，派他去找千里马。3个月以后，九方皋回来报告，说已经找到了千里马，就在沙丘那儿，是匹黄色的母马。

秦穆公派人把马牵来，却是一匹黑色的公马。秦穆公很生气，召见伯乐，说你举荐的人连马的颜色和公母都分不清，怎么能识马呢？

伯乐长叹一声，说："他竟然达到这样的地步吗？这就是他胜我千万倍的关键啊！他观察到的，是马的内在素质，抓住了关键，而忽略了无关紧要的地方：看到内在，而忽略了外表。他只去看他所要看的，不看他所不需要看的；只观察他所应观察的，不观察他所不需要观察的。像九方皋这样相马的方法，具有比相马更重要的价值呀！"

果然，九方皋所找到的是天下最好的千里马。

对马的观察是这样，对人的认识更是这样，只有抓住根本，看到本质，才能在小的方面不斤斤计较，才能真正找到良材。那种以貌取人，纠缠于小节、纠缠于表面而不能看到别人真正价值的人，是很难找到有益的真朋友和发现真人才的。历史上有名的"和氏璧"的故事，讲的就是这个道理，似在讲玉，实则喻人。

战国时期，楚国有个叫卞和的人，从荆山上得到一块玉璞（含在石头里未经过加工的玉），他恭恭敬敬地把玉璞献给楚厉王。厉王让玉匠鉴定。玉匠看了看后，便断定："这是一块石头，不是玉。"厉王认为卞和欺骗他，下令砍了卞和的左脚。

厉王死后，武王继位。卞和拄着拐杖来到宫中，将玉璞献给武王，武王仍命玉匠鉴定。玉匠说："这不是玉，是一块石头。"武王也认为卞和欺骗他，下令砍了卞和的右脚。

武王死后，文王继位，卞和这时已是一个残废人，他绝望地抱着玉璞在荆山下哭了3天3夜，眼泪哭干了，眼中滴出血来。文王得知后，派人将卞和请到宫中，问他："天下有那么多人被砍了脚，为什么就你一个人哭呢？"

卞和说："我不是痛心自己被砍掉了双脚，而是痛心这世上无人识得真玉，忠贞之士反被看成骗子。"

文王再请玉匠来，将玉璞进行加工，去掉表面的石头，果然是一块罕见的宝玉。文王要对卞和大加封赏，卞和却独自悄悄地离开了楚国。后来，文王便将这块玉取名为"和氏璧"。

心态启示

由于为表面的现象蒙蔽了双眼，看不到真正的宝玉，误把宝玉当成石头，这才是真正的糊涂。如果一般人这样糊涂，失去的可能只是某些可贵的朋友，如果一个执掌大权的人这样糊涂，失去的就可能是很多人才，甚至江山。

第十节　放弃无谓的指责

当指责别人成为你的出气方式时，你已经站在了人际关系的最边缘。

责备别人太过耿直，常使别人感到惭愧和悔恨，在自己便是一过。

美国总统林肯年轻时有一个嗜好：喜欢评论是非，还常写信写诗讽刺别人，他常把写好的信丢在乡间路上，使当事人容易发现。后来发生的一件事，彻底改变了他喜欢指责人的习惯。

1842 年秋天，林肯又写文章讽刺一位政客。文章在报纸上登出后，那位政客怒不可遏，他下战书，要求与林肯决斗。林肯本不喜欢决斗，但迫于情势和为了维护名誉，只好接受挑战。到了约定日期，二人在河边见面，一场你死我活的决斗就要进行，亏得在最后一刻有人阻止，悲剧才未发生。

这是林肯一生中最为深刻的一次教训，让他懂得了任性抨击他人会带来怎样的后果。从此，他学会了在与人相处时，不再为任何事而轻易责备他人。

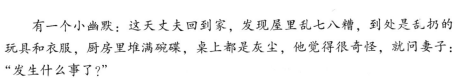

有一个小幽默：这天丈夫回到家，发现屋里乱七八糟，到处是乱扔的玩具和衣服，厨房里堆满碗碟，桌上都是灰尘，他觉得很奇怪，就问妻子："发生什么事了？"

妻子回答："平日你一回到家，就皱着眉头对我说：'一整天你都干什么了？'所以，今天我就什么都没做。"

好指责就如同爱发誓，实在不是一种好习惯。你会伤害别人也会伤害你自己，别人不舒服你也不会舒服。

有个比较极端的例子，是《三国演义》里的故事。话说张飞闻知关羽被东吴所害，传令下去，限3日内置办好白旗白甲，准备三军挂孝伐吴。

次日，帐下两员末将范疆、张达，赶来报告张飞，3日内办妥白旗白甲有困难，须宽限几日方可。张飞大怒，让武士将二人绑在树上，各鞭五十，打得二人满口出血。鞭毕，张飞手指二人："到时一定要做完，不然，就杀你二人示众！"

范疆、张达受此刑责，心生仇恨，便于当夜，趁张飞大醉在床，以短刀刺入张飞腹中。张飞大叫一声而亡，时年55岁。

张飞的悲剧再深刻不过地说明了："只有不够聪明的人才批评、指责和抱怨别人"（卡耐基语）。卡耐基指出尖锐的批评和攻击，所得的效果都是零。

批评就像家鸽，最后总是飞回家里，我们想指责或纠正的对象，他们会为自己辩解，甚至反过来攻击我们。

和张飞一样，林肯也遇到过一件让他恼火的事。1863年7月，盖茨堡战役展开。敌方陷入绝境，林肯下令给米地将军，要他立刻出击敌军。但米地将军迟疑不决，用尽了各种借口，拒绝出击。结果敌军顺利逃跑了。

林肯勃然大怒。他坐下来给米地将军写了封信，表达了他的极端不满。但出乎常人想象的是，这封信林肯并没有寄出去。在他死后，人们在一堆文件中才发现了这封信。

也许林肯设身处地地想了米地将军当时为什么没有执行命令；也许他想到了米地将军见到信后可能产生的反应，米地可能会与林肯辩论，也可能会在气愤之下离开军队。木已成舟，把信寄出，除了使自己一时痛快以外，还有什么作用呢？

不要指责他人，并不是说放弃必要的批评。这里的原则是要抱着尊重他人的态度，以对方能够接受的方式来批评。

有一家工厂的老板，这天巡视厂区，看到有几个工人在库房吸烟，而库房是禁止吸烟的。他没有马上怒气冲冲地对工人说："你们难道不识字吗？没有看见禁止吸烟的牌子吗？"而是稍停了一下，掏出自己的烟盒，拿出烟给工人们，说道："请尝尝我的烟——不过，如果你们能到屋子外去抽的话，我会非常感谢的。"工人们不好意思地掐灭了手中的烟。

我们喜欢责备他人，常常是为了表现自己的高明。有时，也有推卸责任的目的。古人讲"但责己，不责人"，就是要我们谦虚一些，严格要求自己一些，这对自己只有好处。

《三国演义》中马谡轻敌失了街亭，害得蜀兵大败，诸葛亮无奈演了一场空城计，才算退了敌军。回到军中，诸葛亮为明正军律，挥泪斩了马谡。

对此次失败，诸葛亮并没有处理了马谡就了事，而是深深自责没有听刘备生前所说的话："马谡言过其实，不可大用。"他自作表文给后主，请自贬丞相之职，并要求属下"勤攻吾之阙，责吾之短"。诸葛亮的为人，值得我们学习。

心态启示

在你想责备别人的这不是那不是时，请马上闭紧自己的嘴，对自己说："看，坏毛病又来了！"这样，你就可以逐渐改掉喜欢责备人的不好习惯，学会宽容和尊重，更好地与人相处、与人共事。

第十一节　放弃争论

争论获得的只是空洞的胜利，因为你永远得不到对方的好感。

欧·哈里现在是纽约怀德汽车公司的明星推销员。他是怎么成功的？

这是他的说法："如果我现在走进顾客的办公室，而对方说：'什么？怀德卡车？不好！你要送我我都不要，我要的是何赛的卡车。'我会说：'老兄，何赛的货色的确不错，买他们的卡车绝对错不了，何赛的车是优良产品。'这样他就无话可说了，没有抬杠的余地。如果他说何赛的车子最好，我说没错，他只有住嘴了。他总不能在我同意他的看法后，还说一下午的'何赛车子最好'。

"我们接着不再谈何赛，而我就开始介绍怀德的优点。当年若是听到他那种话，我早就气得脸一阵红、一阵白了——我就会挑何赛的错，而我越挑别的车子不好，对方就越说它好。争辩越激烈，对方就越喜欢我竞争对手的产品。现在回忆起来，真不知道过去是怎么干推销的！以往我花了不少时间在抬杠上，现在我改变了，果然有效。"

正如明智的本杰明·富兰克林所说的："如果你老是抬杠、反驳，也许偶尔能获胜，但那只是空洞的胜利，因为你永远得不到对方的好感。"

争辩或许使你偶尔获胜，但没什么值得得意的，因为你失去了对方的好感。

怯弱愚蠢的人才好激动和大吵大嚷，聪明强干的人什么时候都应保持自己的尊严。

永远避免跟人家正面冲突。说这句话的人不知道是谁，但我受到的这个教训仍长存不灭。那是我最需要的教训，因为我是个积重难返的杠头。小时候我和弟弟，为天底下任何事物都抬杠。进入大学，我又选修逻辑学和辩论术，经常参加辩论赛。我听过、看过、参加过无数次的争论。这一切的结果使我得到一个结论：天底下只有一种能在争论中获胜的方式，那就是避免争论。

十之八九，争论的结果会使双方比以前更相信自己绝对正确，没有人能赢不了争论。因为争的不是真理，而是输赢，是自尊，而且"一个人即使口服，但心里也是不服的。"如果对方不再争了，并不是服输了，而是懒得理你了，厌倦和你争了，不信，问问那些结了婚的男人，他们谁能争的过老婆？但又有几个认为老婆是正确的？

国内某人寿保险公司立了一项规矩"不要争论"，真正的推销精神不是争论，甚至是不露痕迹地争论也要不得。人的意愿是不会因为争论而改变的，当你在表面上看似说服了他的时候，他可能是厌倦了跟你争吵，而内心更加坚定自己原来的观点和立场。

你想不想拥有一个神奇的短句，可以阻止争执，除去不良的感觉，创造良好的生存意志，并能使他人注意倾听？想想？好极了。可以这样开始："我一点也不怪你有这种感觉。如果我是你，毫无疑问，我的想法也会跟你一样。"

像这样的一段话，会使脾气最坏的老顽固软化下来，而且你说这话时，应有百分之百的诚意，因为如果你真的是那个人，当然你的感觉就会完全和他一样。

例如，你并不是响尾蛇的唯一原因，是你的父母并不是响尾蛇。你不去亲吻一只牛，也不认为蛇是神圣的，唯一原因是因为你并不出生在恒河河岸的印度家庭里。

心态启示

> 真正的推销精神不是争论，甚至最不露痕迹地争论也要不得，人的意愿和喜好是不会因为争论而改变的。

第十二节　我相信你不会

防不胜防时，干脆不设防，只需说："我相信你不会。"

学校大厅的门被踢破了。这扇可怜的门，自打被安装上那天起，几乎没有一天不挨踢。十五六岁的少年，正是撒欢儿、炮蹦子的年龄。用脚开门、用脚关门，早成为他们的普遍行为。学校教导员为此伤透了脑筋，他曾在门上张贴过五花八门的警示语，什么"足下留情""我是门，我也怕痛"，诸如此类。可是，这招并不顶用。

就在大厅门被踢破的那天，教导员向校长建议：干脆换成大铁门——他们脚上不是长着牙吗？那就让他们去"啃"那铁家伙吧！

校长笑着说："放心吧，我已经定做了最坚固的门。"很快，旧门被拆了下来，新门被装了上去。

新装的大门似乎挺有"人缘"，装上以后居然没有挨过一次踢。孩子走到门口，总是不由自主地放慢脚步。阳光随着门扉的开启与闭合而不停地旋转。穿越它的时刻，少年的心感到了爱与被爱的欣喜。

这道门怎能不坚固——它捧出一份足金的信任，把一个易碎的梦大胆地交到孩子们手中，让他们在美丽的忧惧中学会了珍惜与呵护。

原来，那是一道玻璃门。

心态启示

> 人的心理就是这样奇怪，越是坚固的东西越有人要同它试软硬，越脆弱的东西越有人去呵护。

第十章 生活就像品咖啡，苦中有香

　　用积极的思想去替代消极的思想，能激发人的创造力，你就没有时间和精力去忧虑那些已经过去的事情了。快乐是一种心态选择，只要用积极、乐观的心态去看待生活，你就能永远快乐。

第一节 平凡人生也有温暖的星火

　　用积极的思想去替代消极的思想，能激发人的创造力，能刺激人们忙得没有时间和精力去忧虑那些已经过去的事情。只要心态积极、乐观，我们便永远有路可走。

　　王初到美国时，在华人街的餐馆里打工。他的工作十分繁重，工资却很低。每天的晚餐，都是将白天客人们吃剩的饭菜放进微波炉热热，然后凑合着狼吞虎咽下去。那时，他对生活很失望，也看不到幸福的踪影。

　　一个下着寒雨的夜晚，王像往常一样，端出热好的残羹剩饭准备填饱肚子。这时，隔壁的老伯恰好过来串门，同是贫穷的人，王便请老伯和他一块儿吃饭。

　　王将剩菜中唯一一块牛肉夹给老伯。老伯吃下，感叹道："年轻人，你的筷子很温暖呀。"

　　其实，温暖的不是筷子，而是那份情怀。王听了老人的感慨后顿时生出无限多的感触：一双简简单单的筷子，一点点人间的温暖，竟可以让老人感叹，而他却从未体会到。

　　王感到心中的不满和抑郁一扫殆尽。他开始积极地投入到与从前一样的工作中，并获得了从未有过的快乐。

我们总是在有意无意地拒绝平凡，拒绝细微；

我们习惯赞美丰盛的筵席，却不懂得品尝清粥小菜的美味；

我们习惯歌颂丰功伟绩，却不懂得发现平凡人生中的闪光点；

我们盲目追逐着最耀眼的光彩，却不曾发现，自己错过了多少微弱但却温暖的星火；

我们企盼得到刺激和浪漫，却不曾发现，自己忽略了多少的惊喜和感动。

用心感受一下那些最平凡，最细微的事物吧，它们同样能够带给我们心灵的满足。

心态启示

> 其实，幸福是朴实的，它存在于生活中的每时每刻，存在于生活的细微之处。它不一定是物质的，要获得它并不难，只需要你有一颗懂得欣赏、充满感激的、安宁的心。

第二节　不吃苦，难觉甜

苦瓜是苦的，人们却爱吃它；良药是苦的，人们却离不开它。时时准备吃苦，才能正视那苦的滋味，才会倍加珍惜甜的滋味。

有一群弟子要出去朝圣，师傅拿出一根苦瓜，对弟子们说："随身带着这个苦瓜，记得把它浸泡在每条你们经过的圣河，并且把它带进你们所朝拜的圣殿，放在圣桌上供奉，并朝拜它。"

弟子们走过许多圣河圣殿，并依照师父的教导去做。回来以后，他们把苦瓜交给师父，师父叫他们把苦瓜煮熟，当做晚餐。

晚餐的时候，师父吃了一口，然后语重心长地说："奇怪呀！泡过这么多圣水，进过这么多圣殿，这苦瓜竟然没有变甜。"

弟子听了，好几位立刻开悟了。

这真是一个动人的教化，苦瓜的本质是苦的，不会因圣水圣殿而改变，情爱是苦的，由情爱产生的生命本质也是苦的，这一点即使是修行者也不可能改变，何况是凡夫俗子！

曾经尝过情感与生命的大苦的人，并不能告诉别人失恋是该欢喜的事，因为它就是那么苦，这个层次是永不会变的。可是不吃苦瓜的人，永远不会知道苦瓜是苦的。一般人只要有苦的准备，煮熟了这苦瓜，吃它的时候第一口苦，第二三口就不会那么苦了！对待我们的生命与情爱也是这样的。

心态启示

苦难和创痛让你消沉、颓废，有时甚至会使你想到自杀，但当你咬紧牙关挺过来的时候，你会感到全世界都在友好地向你微笑。你用你的经历向世人阐明了自己。这同品尝咖啡一模一样，而相比之下，欢娱是多么的短暂和浅薄啊，仿佛池塘里的蜻蜓点水，浮光掠影，不曾留下丝毫的痕迹。

第三节　别被无常的命运打倒

我们只有正视生命的沉浮，才能不被命运的无常打倒。

比利那年才10岁，却陡然陷入了极度痛苦之中，因为他即将远离熟悉的家乡。尽管他还年幼，但这短暂的时光中每时每刻都是在那个古老而庞大的家族中度过的，这里凝聚着四代人的欢乐与苦楚。

最后的一天终于来临了。比利一个人偷偷地跑到他的避难所——那个带顶棚的游廊，独自悄悄地坐着，身子不断地抽搐，伤心的泪水如泉水一般直往外流。突然间，他感到一只大手在轻轻地抚摩着他的肩膀，抬头一看，原来是爷爷。"不好受吧，比利？"爷爷问道，随后坐在比利旁边的石阶上。

"爷爷，"比利擦着泪汪汪的眼睛问道，"这可让我怎么向您和我的小伙伴道别呀？"

爷爷盯着远处的苹果树，静静地望了好一会儿才说道："'再见'这个字眼太令人伤感了，好像是永别一般，而且还过于冷漠。看起来似乎我们有许许多多道别的方式，但都离不开'悲伤'这两个字。"

比利依然直直地盯着爷爷的脸，爷爷却慢慢地把比利的小手放到他那双大手之中，轻声说道："跟我来，小家伙。"

他们手牵着手，来到前院，这是爷爷最为珍爱的地方，那里长着一棵巨大的红色玫瑰树。

"比利，你看到什么了？"

比利眼睁睁地看着这些开得正旺的玫瑰花，心里却不知说些什么，就冒失地回答："爷爷，我见到的是又轻柔又漂亮的花呀！真是美极了！"

爷爷屈膝跪了下来，把比利拉到他身边，说："的确美极了。但这不仅仅是玫瑰本身美，比利，更重要的是你心目中那块特殊领地才使得它们这样美。"

爷爷与比利的视线相遇了。"比利，这些玫瑰是我很久很久以前种下的，那时你妈甚至还不知在哪儿呢。我的大孩子出生那天，我栽下这些玫瑰，这是我对上帝感恩的一种特殊方式。那孩子和你一样，也叫比利，过去我常常看着他摘那些花，献给他的妈妈……"

爷爷已是老泪纵横了（在这以前，比利还未见他流过泪呢），声音也随之哽咽了。

"一天，可怕的战争终于爆发了，我儿子和其他许许多多的孩子一道远离家乡去前线。我和他一道步行，到了火车站……10 个月过去了，我收到一封电报，原来比利已在意大利的个小村庄牺牲了。我所能记起的一切就是他一生中与我最后说的话就是'再见'。"

爷爷缓缓地站起来，"比利，今后永远不要说再见。千万不要被世上的悲哀与孤独缠绕。相反，我倒是希望你能记住第一次对朋友问候时那种幸福愉快之情。把这个不同寻常的问候牢牢铭刻在心中，就如同太阳常在一起，暖烘烘的。当你和朋友们分离时，想远些，特别是记住第一次问好。"

一年半过去了，爷爷重病缠身，生命垂危。几个星期后从医院回来，他又选择了靠窗那张床，以便能看到他所珍爱的玫瑰树。

一天，家里人都被召集到一块来，比利又回到了这幢旧房子里。按常规，长孙也有与祖父告别的机会。

轮到比利了，他注意到爷爷已是疲倦不堪，眼睛紧闭，呼吸缓慢而且沉重。

比利轻松地握着爷爷的手，正如当初爷爷拉着他的手一样。

"您好，爷爷。"比利轻轻地问候，爷爷的眼睛缓缓地睁开了。

"你好，我的小朋友。"爷爷说道，脸上掠过一丝微笑，眼睛又闭上了。比利赶紧离开了。

比利静静地伫立在玫瑰树旁边，这时，叔叔走过来告诉他爷爷过世了。比利不由得想起爷爷的话和形成他们友谊的那种特殊感情。突然间，比利真正领悟出爷爷说"永不道别"和"不必悲哀"的真正含义。

心态启示

> 生老病死是人生的常态，我们无法左右宇宙强硬的规则，我们只有通过柔软的心灵来超越这些规则。"永不道别"，不被无谓的悲哀缠绕，我们相信美好的东西会再次出现，即使是在梦中，只要我们有爱、有惦念，它一定会在我们心中开花。

第四节　人生不会太圆满

生活中，其实每个人身上都有闪光点，只要能学会发现、学会珍惜，美好的生活就在我们身边。

曾读到这么一个富含哲理的小故事。一个残疾人来到天堂找到上帝，抱怨上帝没给他一副健全的体格。上帝什么也没说就给残疾人介绍了一位朋友，这个人刚死去不久才升入天堂，他感慨地对残疾人说："珍惜吧朋友，至少你还活着。"

一个官场失意被排挤下来的人找到上帝，抱怨上帝没给他高官厚禄，上帝就把那位残疾人介绍给他，残疾人对他说："珍惜吧，至少你的身体还是健全的。"

一个年轻人找到上帝，抱怨上帝没让自己受到人们的重视和尊重。上帝就把那位官场失意的人介绍给他，那人于是便对年轻人说："珍惜吧，至少你还年轻，前面的路还很长。"

是的，每个人的人生都不会太圆满，每个人的一生都有缺憾，与其抱怨一切，不如珍惜一切。

心态启示

在人生道路上，风和日丽的日子会有，风风雨雨的日子同样也会有。有人在幸福的日子里仍会不满足，只会天天抱怨而不珍惜自己拥有的；有人在遭遇挫折的时候，总是怨天尤人、一蹶不振，而不是来冷静地审视自己，充分发掘利用自己的优势来渡过难关。

第五节　我们永远有路可走

用积极的思想去替代消极的思想，能激发人的创造力，能刺激人们忙得没有时间和精力去忧虑那些已经过去的事情。只要心态积极、乐观，我们便永远有路可走。

安娜是一个一只眼睛失明了50年之久，另一只眼睛也几乎看不见的女人。她的脸上满是疤痕，看书的时候必须把书拿得很贴近脸，然而她拒绝接受别人的怜悯。

小时候，她想和其他的小朋友一起玩跳房子游戏，但是她却看不见地上画的线。于是，她就在小朋友回家之后，趴在地上把线格都记在心里，很快，她就能和小朋友们一起玩了，而且玩得很出色。

虽然她看书很吃力，但是她却得到了两个学士学位和一个硕士学位。

后来，她开始了教书生涯，从一个乡村的小学教师开始；一步一步，到后来她成为明尼苏达州立大学的新闻学教授。

在她52岁那年，一个奇迹发生了：她经过手术，眼睛能比以前看清楚40倍。

一个全新的世界在她的眼前出现，所有的一切都让她充满了新鲜感，都让她非常快乐。即使是在厨房水槽前洗碟子，也让她非常开心，在那一个个肥皂泡沫里，她能看到一道道小的彩虹。

想一想，安娜的事足以让我们每一个从小就有着正常视力的人感到惭愧。我们这么多年来每天都生活在一个美丽的童话王国里，可是我们却在混日子，看不见生活的美丽，不懂得珍惜所有。

心态启示

生活中，许多人喜欢追求完美，但真正的完美没有几个人能追求到，于是就有了遗憾，有了痛苦，有了失落感。其实这大可不必，因为缺憾也有它的美，就看人们是否能体会得到。逃避不一定躲得过，面对不一定最难受，孤单不一定不快乐，得到不一定能长久，失去不一定不再有，转身不一定最软弱，别急着说别无选择，别以为世上只有对与错，许多事情的答案都不是只有一个，所以我们永远有路可以走。

第六节 阳光总在风雨后

人生路上痛苦与快乐必然形影相随，人活着又无法任意选择，拥有痛苦的同时，也在等待着快乐，正所谓"阳光总在风雨后"。

西方流行这样一个寓言：

一座泥像立在路边，历经风吹雨打。它多么想找个地方避避风雨。然而它无法动弹，也无法呼喊，它太羡慕人类了，它觉得做一个人，可以无忧无虑、自由自在地到处奔跑。它决定抓住一切机会，向人类呼救。

有一天，智者圣约翰路过此地，泥像用它的神情向圣约翰发出呼救。

"智者，请让我变成人吧！"圣约翰看了看泥像，微微笑了笑，然后衣袖一挥，泥像立刻变成了个活生生的青年。

"你要想变成人可以，但是你必须先跟我试走一下人生之路，假如你受不了人生的痛苦，我马上可以把你还原。"智者圣约翰说。

于是，青年跟智者圣约翰来到一个悬崖边。

"现在，请你从此岸走向彼岸吧。"圣约翰长袖一拂，已经将青年推上了铁索桥。

青年战战兢兢，踩着一个个大小不同链环的边缘前行，然而一不小心，一下子跌进了一个链环之中，顿时，两腿悬空，胸部被链环卡得紧紧的，几乎透不过气来。

"啊好痛苦呀！快救命呀！"青年挥动双臂大声呼救。

"请君自救吧。在这条路上，能够救你的，只有你自己。"圣约翰在前方微笑着说。

青年扭动身躯，奋力挣扎，好不容易才从这痛苦之环中挣扎出来。

"你是什么链环，为何卡得我如此痛苦？"青年愤然道。

"我是名利之环。"脚下铁链答道。

青年继续朝前去。忽然，隐约间，一个绝色美女朝青年嫣然一笑，然后飘然而去，不见踪影。

青年稍一走神，脚下又一滑，又跌入一个环中，被链环死死卡住。

可是四周一片寂静，没有一个人回应，也没有一个人来救他。

这时，圣约翰再次在前方出现，他微笑着缓缓说道："在这条路上，没有人可以救你，只有你自己自救。"

青年拼尽力气，总算从这个环中挣扎了出来，然而他已累得精疲力竭，便坐在两个链环间小憩。

"刚才这是个什么痛苦之环呢？"青年想。

"我是美色链环。"脚下的链环答道。

经过一阵轻松的休息后，青年顿觉神清气爽，心中充满幸福愉快的感觉，他为自己终于从链环中挣扎出来而庆幸。

青年继续向前走。然而，没想到他又接连掉进了欲望的链环、嫉妒的链环……待他从这一个个痛苦之中挣扎出来，青年已经完全疲惫不堪了。他抬头望望，前面还有漫长的一段路，他再也没有勇气走下去了。

"智者！我不想再走了，你还是带我回原来的地方吧。"青年呼唤着。

智者圣约翰出现了，他长袖一挥，青年便回到了路边。

"人生虽然有许多痛苦，但也有战胜痛苦之后的欢乐和轻松，你难道真愿意放弃人生么？"智者圣约翰问道。

"人生之路痛苦太多，欢乐和愉快太短暂太少了，我决定放弃做人，还原为泥像。"青年毫不犹豫地说。

智者圣约翰长袖一挥，青年又还原为一尊泥像。

"我从此再也不受人世的痛苦了。"泥像想。然而不久，泥像被一场大雨冲成一堆烂泥。

心态启示

人生没有痛苦，也就不会有快乐。

第七节 人生烦恼别在意

改变一个角度思考问题，事情就会变了样，心情也会因此而改变，看似苦恼的事情，也会体会到快乐！不要预支明天的烦恼，认真过好今天比什么都重要！

有位禅师行走云游，一次在一户人家歇脚。临行前，禅师发现家里的一位老婆婆一直不停地唉声叹气，于是就问："老人家您为什么不开心呢？有什么伤心事吗？"

老婆婆说："我有两个女儿，大女儿嫁给卖布鞋的，小女儿嫁给卖雨伞的。在下雨天，我就会想到大女儿，因为下雨天就没有顾客上门买布鞋了，所以我就忍不住要伤心；而在晴天，我就担心小女儿，因为天晴的时候小女儿的雨伞就卖不出去了，这样我就忍不住要流泪。因此，我整天忧心忡忡！感到烦恼不堪。"

禅师听了之后，笑了笑，说："哦，原来是这样啊，您老这样想不对啊！"

老婆婆说："禅师！做母亲的为女儿这么担心，有什么不对啊？我知道担心也是没用的，可是控制不了自己啊！"

禅师于是开导她说："您为自己的女儿担心当然是没有错，可是您为什么不为女儿开心呢？你不妨换个角度想想，晴天的时候，您为大女儿高兴，因为您大女儿的布鞋店一定生意兴隆；雨天的时候，您为小女儿高兴，因为小女儿的雨伞肯定十分畅销。所以您应该为女儿天天高兴

好心态是这样培养出来的

才是啊!"

老婆婆听了禅师的话,一琢磨,果然是这个道理,于是烦恼烟消云散,从此每天都为女儿高兴起来。

还有一个小和尚每天早上负责清扫寺庙院子里的落叶。清晨起床扫落叶实在是一件苦差事,尤其在秋冬之际,每次起风时,树叶总随风飞舞落下。每天早上都需要花费许多时间才能清扫完树叶,这让小和尚头痛不已。他一直想要找个好办法让自己轻松些。

后来有个和尚跟他说:"你在明天打扫之前先用力摇树,把落叶统统摇下来,后天就可以不用扫落叶了。"

小和尚觉得这是个好办法,于是隔天他起了个大早,使劲的猛摇树,这样他就可以把今天跟明天的落叶一次扫干净了。接下来的一整天,小和尚都非常开心。

第二天,小和尚到院子一看,他不禁傻眼了,只见院子里如往日一样落叶满地。老和尚走了过来,对小和尚说:"傻孩子,无论你今天怎么用力,明天的落叶还是会飘下来。"

小和尚终于明白了,世上有很多事是无法提前的,唯有认真地活在当下,才是最真实的人生态度。

心态启示

> 烦恼常让人坐卧不安、心神不宁,但烦恼还是有解脱之道的,那就是换位思维。改变一个角度想想,事情就会变了样,心情也会因此而改变!看来,不要预支明天的烦恼,认真过好今天比什么都重要!

第八节　为何要凭空想象出灾难

在我们平时的生活中,也有许多人会对自己做出一系列不利的推想,结果就真的把自己置于不利的境地。

一天晚上，在漆黑偏僻的公路上，一个年轻人的汽车抛了锚汽车轮胎爆了！年轻人下车翻遍了工具箱，也没有找到千斤顶。怎么办？这条路半天都不会有车辆经过，他远远望见一座亮灯的房子，决定去那个人家借千斤顶。

在路上，年轻人不停地在想：

"要是没人来开门怎么办？"

"要是没有千斤顶怎么办？"

"要是那家伙有千斤顶，却不肯借给我，那该怎么办？"

顺着这种思路想下去，他越想越生气，当走到那间房子前，敲开门，主人刚出来，他冲着人家劈头就是一句："他妈的，你那千斤顶有什么稀罕的。"弄得主人丈二和尚摸不着头脑，以为来的是一个精神病人，"砰"的一声就把门关上了。

在这么一段路上，年轻人走进了一种常见的"自我失败"的思维模式中，经过不断地否定，他实际上已经对借到千斤顶失去了信心，认为肯定借不到了，等到了人家门口，他就情不自禁地破口而骂了。

心态启示

> 在做一件事前，你是否常在心中对自己说：可能不行吧，万一怎么样怎么样，结果可能还没去做，你就没有信心了。而如果你没有信心，事情十有八九就会朝着你设想的不利方向发展。

第九节　哪里有生命的吉祥草

人生本无常，如能睁开无常之眼，以平常之心对待，就可获得永恒的喜悦和平静。

有一位孤寡的母亲，膝下只有一子，不幸死于一场瘟疫。伤心欲绝的母亲无法接受这个残酷的事实，每天搂抱着气绝已久的孩子，号啕大哭，见人便哀号："我的孩子死了，天哪！谁能救救我的孩子？"

可怜的妇人陷在丧子的悲痛之中难以自拔。直到有一天，佛陀到此地宣教说法，见到她便对她说："你如果能找到吉祥草，把它覆盖在你孩子的身上，便能起死回生。"

"什么叫吉祥草？要到哪里才采得到呢？"

"吉祥草生长在从来没有死过亲人的人家里，你赶快去寻找吧！"

怀着一线希望的母亲，锲而不舍，挨家挨户地寻找，问了很多人家，就是没有一户不曾死过亲人的。

妇人失望极了，世间之大，竟然没有一家生长过吉祥草的。佛陀于是开导她说："谁家都会有人生老病死，世间一切万物，有生必有死，有生必有灭，诸行无常的生灭现象，是自然的法则。因此你儿子的死亡，也是一种必然的实相。"

世界上，怎么可能有吉祥草呢？人的一生，就是不断经历磨难、不断经历挫折的过程。变幻无常是人生的主题。从古到今，不曾见过哪个人，一生无挫折、无愁苦、无变幻。没有任何事情、任何人是一成不变的。世界上所有的事情都是在循规蹈矩的平凡中渗透着无常。

无论我们多么小心，我们总是会遇到各种各样的磨难，亲人的生老病死，感情的一波三折，心爱之物的遗失……生命中总会有许多不如意，当这些降临到我们的头上时，我们会难过、无措，甚至痛不欲生，但是我们一定要相信，任何困难都会过去的，套用一句老话：面包会有的，一切都会好起来的。

了解了人生的无常，不是让我们消极、悲观的，我们应该明白该来的总会来，躲不过去，也抹不掉。因此我们最好以"兵来将挡，水来土掩"的气概，来面对生活中突如其来的变故。

心态启示

> 人死不能复生，覆水难以再收。既然一切都无法改变，那么就坦然接受吧！不管令天多么黑暗，明天总会有一颗崭新的太阳。

第十节　学会把柠檬做成柠檬水

　　绝境中藏着大希望，危机中蕴含大机遇。

　　住在美国弗吉尼亚州的一个农夫，他出巨资买下了一片农场之后突然发现自己上当了，因为这块地坏得既不能种水果，也不能养猪。这里能够生长的只有白杨树和响尾蛇。在一番痛苦和后悔之后，他想到了一个很好的主意，要把这块坡地的价值利用起来——那些响尾蛇是关键。

　　他的做法令每个人都很吃惊，因为他开始做响尾蛇罐头。几年后，他的生意已经做得非常大了，每年到他农场来参观的人高达几万人次。他从响尾蛇的体内取出的蛇毒，运送到各大药厂去做蛇毒的血清，把响尾蛇的皮以很高的价钱卖给厂商去做鞋子和皮包，把响尾蛇的肉做成蛇肉罐头进行销售。由于他独到的眼光和天才般的贡献，他所在的村子现在已经改名为响尾蛇村。

　　我们在生活中都有可能被命运给予一些自己本来不希望拥有的东西，我们希望命运给我们的是黄金和钻石，但是当命运恰恰给了我们一个柠檬时，怎么办？大多数人说："完了，我还能做什么呢？这就是命运的安排！"于是，我们可能把这个仅有的柠檬给抛弃了。

　　威廉波里索曾经忠告世人，生命中最重要的一件事情，就是不要拿你的收入来当资本，任何傻子都会这样做。但是真正重要的是要从你的损失中获利，这就必须有才智才行。这就是聪明人和傻子的区别。

　　我们大多数人不幸被威廉波里索言中，我们都缺乏把眼前的不利因素巧妙的转换为有利因素的能力。我们舍不得花点时间和脑筋，想个办法来观察柠檬，所以我们从来都不曾做出一杯柠檬水，更用不着谈什么成功伟大的事业了。

心态启示

万事俱备，只欠东风，这只是美好的想象而已，什么时候，我们都不会具备完全理想的条件和资源，我们唯一能够抓在手上可供支配的，无论是金银珠宝还是废铜烂铁，不要气馁，不要埋怨，更不要随手丢弃，它将是你走向成功的原始支点。

第十一节　给苦日子加些糖

如果你快乐地对待生活，生活就会变得快乐起来。

一行人到美国观光，导游说西雅图有个很特殊的鱼市场，在那里买鱼是一种享受。同行的朋友听了，都觉得好奇。

那天，天气不是很好，但市场并非鱼腥味刺鼻，迎面而来的是鱼贩们欢快的笑声。他们面带笑容，像合作无间的棒球队员，让冰冻的鱼像棒球一样，在空中飞来飞去，大家互相唱和："啊，5条鳕鱼飞往明尼苏达去了。""8只螃蟹飞到堪萨斯。"……

这是多么和谐的生活，充满乐趣和欢笑。

有人问当地的鱼贩："你们在这种环境下工作，为什么会保持愉快的心情呢?"

他说，事实上，几年前的这个鱼市场本来也是一个没有生气的地方，大家整天抱怨。后来，大家认为与其每天抱怨沉重的工作，不如改变工作的品质。于是，他们不再抱怨生活的本身，而是把卖鱼当成一种艺术。

再后来，一个创意接着一个创意，一串笑声接着另一串笑声，他们成为鱼市场中的奇迹。

他说，大伙练久了，人人身手不凡，可以和马戏团演员相媲美。这种工作的气氛还影响了附近的上班族，他们常到这儿来和鱼贩用餐，惑染他们乐于工作的好心情。

有不少没有办法提升工作士气的主管，还专程跑到这里来询问："为什么一整天在这个充满鱼腥味的地方做苦工，你们竟然还这么快乐？"

他们已经习惯了给这些不顺心的人排疑解难。有时候，鱼贩们还会邀请顾客参加接鱼游戏。即使怕鱼腥味的人，也很乐意在热情的掌声中一试再试，意犹未尽。

每个愁眉不展的人进了这个鱼市场，都会笑逐颜开地离开，手中还会提满了情不自禁买下的货，心里似乎也会悟出一些道理来。

心态启示

> 人们往往在山间海边追寻青鸟，却不知青鸟就在眼前。其实，生活的情调要靠自己去创造，与其苦苦抱怨现实，不如细心体会眼前实在的快乐。

第十二节　活着就是一种幸福

岁月如流，人生苦短。对酒当歌，人生几何？由此一些人逃避生活，另一些人则全心全意地献身于它。

有一个女同学，因为家里贫困，很早就退学嫁人了。她常常是一副很满足的样子，有一个爱她的丈夫，有一个可爱的小男孩，这就是一个女人的幸福了。

日子一天天消逝，后来，她的丈夫在一场大病中离她而去，再后来儿子因汽车出事进了监狱。她容颜苍老了许多，额头过早地爬上了一条条皱纹，后来，她办起了一个托儿所。整天与孩子们在一起，她常常一会儿抱抱这个，一会儿拍拍那个，旋即一屋子充满了她和孩子幸福的欢笑声。

如果别人能将你的财产、你的妻子……你身外的种种一切都拿走，但如果谁也拿不走你的快乐、你的自信、你内心的宁静，那么，你已经强大到不可征服。

面对当今越来越复杂、越来越纷乱的社会，在背负巨大心理压力的同时，我们经常还会碰到各种各样的困难和挫折，如失业下岗、家庭变故、婚姻失败、学业不顺、经济问题等诸多问题。当这一切突如其来无法解决时，一切取决于我们内心是否强大。

是的，每个人的一生都会遇到诸多的不顺心，个性悲观消极的人在遇到困境时，看不到前途的光明，抱怨天地的不公，甚至破罐子破摔，在精神上倒下；而个性积极乐观的人在遇到困境时，能够泰然处之，认定活着就是一种幸福，无论顺境还是逆境，都一样从容安静，积极寻找生活的快乐，不浪费生命的一分一秒，于灰暗之中向往光明，在精神上永远不倒。

心态启示

"谁也别想把黑暗放在我面前，因为太阳就生长在我心底。"这是一句挺美的歌词，也说出了快乐的真谛。

第十一章　学会宽容才会快乐

宽容是一种博大的胸怀，它能包容人世间的喜怒哀乐；宽容是一种最美丽的境界，它能使人生跃上崭新的台阶。让我们学会宽容，宽容自己，更要宽容别人。

第一节　把悲痛与怨恨留在身后

心胸开阔的人不会斤斤计较，能够包容更多的事情，不因一点得失而发恼，不因一点挫折而痛苦，乐观地对待生活，快乐就会伴随每一天。

宽容是一种非凡的气度与宽广的胸怀，是对人对事的包容和接纳。宽容是一种高贵的品质、崇高的境界，是精神的成熟、心灵的丰盈。

南非的曼德拉，因为领导反对白人种族隔离政策而入狱，白人统治者把他关在荒凉的大西洋小岛罗本岛上27年。当时尽管曼德拉已经高龄，但是白人统治者依然像对待一般的年轻犯人一样虐待他。

但是，当1991年曼德拉出狱当选总统以后，他在总统就职典礼上的一个举动震惊了整个世界。

总统就职仪式开始了，曼德拉起身致辞欢迎他的来宾。他先介绍了来自世界各国的政要，然后他说，虽然他深感荣幸能接待这么多尊贵的客人，但他最高兴的是当初他被关在罗本岛监狱时，看守他的3名前狱方人员也能到场。他邀请他们站起身，以便他能介绍给大家。

曼德拉博大的胸襟和宽容的精神，让南非那些残酷虐待了他27年的白人汗颜得无地自容，也让所有到场的人肃然起敬。看着年迈的曼德拉缓缓站起身来，恭敬地向3个曾关押他的看守致敬，在场的所有来宾都静下来了。

后来，曼德拉向朋友们解释说，自己年轻时性子很急，脾气暴躁，正是在狱中学会了控制情绪才活了下来。他的牢狱岁月给了他时间与激励，使他学会了如何处理自己遭遇苦难和痛苦。他说，感恩与宽容经常是源自痛苦与磨难的，必须以极大的毅力来训练。

他说起获释出狱当天的心情："当我走出囚室、迈过通往自由的监狱大门时，我已经清楚，自己若不能把悲痛与怨恨留在身后，那么我其实仍活在狱中。"

宽容是一种非凡的气度、宽广的胸怀，是对人对事的包容和接纳。宽容是一种高贵的品质、崇高的境界，是精神的成熟、心灵的丰盈。

我们之所以总是烦恼缠身，总是充满痛苦，总是怨天尤人，总是有那么多的不满和不如意，是不是因为我们缺少曼德拉的宽容和感恩呢？

记住曼德拉27年牢狱生活的总结：感恩与宽容经常是源自痛苦与磨难的，必须以极大的毅力来训练。

心态启示

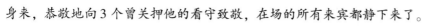

宽容是一种博大，它能包容人世间的喜怒哀乐；宽容是一种境界，它能使人生跃上新的台阶。

第二节　别为一点小事结下一生的死结

人生难免不遇上一个个沟沟坎坎，有时候，一件特别小的事情如果不能释怀，可能就会使你长期戴上痛苦的紧箍咒，影响你的生活。

有个故事说的是一个小镇商人有一对双胞胎儿子，当这对兄弟长大后，就留在父亲经营的店里帮忙，直到父亲过世，兄弟俩接手共同经营这家商店。

一切都很平顺，兄弟俩齐心协力，把小店打理得井井有条。可是，有一天1元美金丢失了，于是，一切都发生了变化。

哥哥将1元美金放进收银机后，就与顾客外出办事，当他回到店里时，突然发现收银机里面的钱已经不见了！

他问弟弟："你有没有看到收银机里面的钱？"

弟弟回答："我没有看到。"

但是哥哥却咄咄逼人地追问，不愿就此罢休。哥哥说："钱不会长了腿跑掉的，我认为你一定看见过这1块钱。"语气中隐约地带有强烈的质疑意味。

弟弟委屈万分："哥哥你怎么那么不信任我。"

怨恨油然而生，手足之情就出现了缝隙，兄弟俩内心产生了严重的隔阂。

双方都对此事一直耿耿于怀，开始不愿再交谈，后来决定不再一起生活，他们在商店中间砌起了一道砖墙，从此分开经营。

20年过去了，敌意与痛苦与日俱增，这样的气氛也感染了双方的家庭与整个社区。一天，有一位开着外地车牌汽车的男子在哥哥的店门口停下。他走进店里问道："您在这个店里工作多久了？"哥哥回答说他这辈子都在这店里服务。

这位客人说："我必须要告诉您一件往事。20年前我还是个不务正业的流浪汉，一天流浪到你们这个镇上时，肚子已经好几天没有进食了，我偷偷地从您这家店的后门溜进来，并且将收银机里面的1元钱取走。虽然时过境迁，但对这件事情一直无法忘怀。1块钱虽然是个小数目，但是我深受良心的谴责，必须回到这里来请求您的原谅。"

当说完原委后，这位访客很惊讶地发现店主已经热泪盈眶，并用略带哽咽的音调请求他："是否也能到隔壁商店将这事再说一次呢？"

当这位陌生男子到隔壁说完故事以后，他惊愕地看到两位面貌相像的中年男子，在商店门口痛哭失声、相拥而泣。

心态启示

20年的时间，怨恨终于被化解，兄弟之间存在的对立也因而消失。可是，20年的痛苦和烦恼谁能补偿。仅仅因为1块钱啊！丧失了兄弟亲情，丧失了多少和睦与美好，还给双方家庭带来无尽的烦恼。为一点小事结下一生的死结，这种情况实在是太多了。不要当生活的谜底揭开时才悔悟，晚了，20年光阴已逝。所以，凡事还是宽容一点为好。

第三节　爱是最高贵的情操

　　仇恨是人性的灰暗面，不要让这颗种子在你心中发芽，要及早用爱来感化。

　　很久很久以前，英国有位非常富有的商人，觉得自己年事已高，便决定将产业分给3个孩子。富商将孩子们叫到跟前，给了他们一笔资金，要他们去游历天下做生意。

　　临行前，富商告诉孩子们："你们1年后要回到这里，告诉我你们在这1年内所做过最高贵的事。我的财产不想分割，集中起来才能让下一代更富有，只有1年后，能做到最高贵事情的那个孩子，方能得到我的所有财产。"

　　1年过去了，3个孩子回到父亲跟前，报告这一年来的所获。

　　老大先说："在我游历期间，曾遇到一个陌生人，他十分信任我，将一袋金币交给我保管。后来，他不幸过世，我便将金币原封不动地交还他的家人。"

　　父亲："你做得很好，但诚实是做人应有的美德，这个称不上是高贵的事情。"

　　老二接着说："我旅行到个贫穷的村落，见到一个衣衫破旧的小乞丐，不幸掉进河里，我立即跳下马，奋不顾身地跳进河里救起那个小乞丐。"

　　父亲："你做得很好，但救人是你应尽的责任，称不上是高贵的事情！"

　　老三迟疑地说："我有一个仇人，他千方百计地陷害我，有好几次，我差点死在他的手中。在我旅行途中，有一个夜晚，我独自骑马走在悬崖边，发现我的仇人正睡在崖边的一棵树旁，我只要轻轻一脚，就能把他踢下悬崖；但我没这么做，我叫醒他，让他继续赶路。这实在不算做了什么大事……"

　　父亲正色道："孩子，能帮助自己的仇人，是高尚而神圣的事，你办到了，来，我所有产业将是你的。"

心态启示

> 仇恨是阻隔人们进步的最大负面力量，也是让自己陷入低潮的主要元凶。如何能拥有宽容的心，最好的答案是："爱！"唯有真正的爱，才能化解一切的仇恨，也是保护您不至堕入低潮中的安全网。

第四节　从容看待世界的沉浮

当你闻达时，不要过分欢喜；当你落魄时，不要过于悲伤，从容看待这世界的沉沉浮浮。

尤利乌斯是一个画家，而且是个很不错的画家。他画快乐的世界，因为他自己就是一个很快乐的人。不过，没人买他的画，因此他想起来会有些伤感，但只是一会儿。

"玩玩足球彩票吧！"他的朋友劝他，"只花2马克就可以赢很多钱。"

于是，尤利乌斯花2马克买了一张彩票，并真的中了彩！他赚了50万马克。

"你瞧！"他的朋友对他说，"你真是走运啊！现在你还经常画画吗？"

"我现在就只画支票上的数字！"尤利乌斯笑道。

尤利乌斯买了幢别墅并对它进行了一番装饰。他很有品位，买了很多东西：阿富汗地毯、维也纳柜橱、佛罗伦萨小桌、迈森瓷器，还有古老的威尼斯吊灯。

尤利乌斯很满足地坐下来，他点燃一支香烟，静静享受他的幸福。突然，他感到很孤单，因为没有人和他一起分享这份快乐，总觉得是一种缺憾，于是便想去看看朋友。他把烟蒂往地上一扔，在原来那个潮湿的石头地面的地下画室里他经常这样做，然后他出去了。

燃着的香烟静静躺在地上，躺在华丽的阿富汗地毯上……1个小时后，别墅变成了火的海洋，它被完全烧毁了。辛苦了很长时间，却没有来得及享受完一天，就这样没有了。

朋友们很快知道了这个消息，他们都来安慰尤利乌斯。

"尤利乌斯，真是不幸啊！"他们说。

"怎么不幸啊？"他问。

"损失啊！尤利乌斯，你现在什么都没有了。"

"什么呀？不过是损失了2马克而已。"

心态启示

> 天有不测风云，人有旦夕祸福。你有可能一夜暴富、一夜成名，也有可能会在1小时或1分钟内破产，陷入窘境。生活中总是存在太多未知数，所以当你闻达时，不要过分欢喜；当你落魄时，不要过于悲伤，从容看待这世界的沉沉浮浮。

第五节　别用生气来惩罚自己

生气是用别人的过错来惩罚自己的蠢行。生活就是一杯鸡尾酒，有甜的，也有苦的。用一颗快乐的心去欣赏身边的一切，你就会发现，苦中也有乐。

一个妇人，特别喜欢为一些琐碎的小事与人生气，她便去求一位高僧给自己说禅，希望能改掉这个毛病。

高僧听了她的讲述，一言不发，把她领到一座禅房中，落锁而去。

妇人气得高声大骂，骂了许久，高僧也不理会。妇人又开始哀求，高僧仍置若罔闻。妇人终于沉默了。高僧来到门外，问她："你还生气吗？"

妇人说："我只为我自己生气，我怎么会到这地方来受这份罪！"

"连自己都不原谅的人，怎么能心静如水？"高僧拂袖而去。迟了一会儿，高僧又问她："还生气吗？"

"不生气了。"

"为什么？"

"气也没有办法呀。"

"你的气并未消逝，还压在心里，爆发后将会更加剧烈。"高僧又离开了。

高僧第三次来到门前，妇人告诉他："我不生气了，因为不值得气。"

"还知道值不值得，可见心中还有衡量，还是有气根。"高僧笑道。

当高僧的身影迎着夕阳立在门外时，妇人问高僧："大师，什么是气?"

高僧将手中的茶水倾洒于地。妇人视之良久，顿悟，叩谢而去。

曾经有一首歌唱道："生活，像一团麻，总有那解不开的小疙瘩……"如果把生活中的不愉快比作小疙瘩真是再恰当不过了。我们平常人，每天都会遇到这样或那样的麻烦，也许是无故挨了上司的批评，也许是夫妻之间意见不合而怄气，也许是遭人流言诽谤，也许是被人偷了东西……一些事情都会或多或少的影响我们的情绪，因此总会听到有人抱怨："怎么这么烦啊!""怎么这么累呢?"

既然这些事情发生了，就让它过去吧，为这些小事勃然大怒或大动干戈，真是不值得。

心态启示

> 生气是用别人的过错来惩罚自己的蠢行。夕阳如画，皎月如银，人生的幸福和快乐尚且享受不尽，哪里还有时间去生气呢? 看开些吧! 当你拥有一颗纯真之心时，你会发觉人生如此缤纷。

第六节 生气不如争气

人与人之间相处，难免磕磕碰碰，切记"生气是不能解决问题的"。生气伤身还伤心，生气只能是对自己的惩罚。

在古老的西藏，有个叫爱地巴的人，每次生气和人起争执的时候，就以很快的速度跑回家去，绕着自己的房子和土地跑3圈，然后坐在田边喘气。

爱地巴工作非常勤劳努力，他的房子越来越大，土地也越来越广。但不管房地有多广大，只要与人争论而生气的时候，他就会绕着房子和土地跑3圈。

有一次，他拄着拐杖走到太阳已经下山了还要坚持，他的孙子担心他就在后面跟着。后来，他的孙子在身边恳求他："阿公! 您这么大年纪了，这附近地区也没有其他人的土地比您的更广，您不能再像从前，一生气就绕着土地跑了。还有，您可不可以告诉我您一生气就要绕着土地跑3圈的秘密？"

爱地巴终于说出了隐藏在心里多年的秘密，他说："年轻的时候，我一和人吵架、争论、生气，就绕着房地跑3圈，边跑边想自己的房子这么小，土地这么少，哪有时间去和人生气呢？一想到这里，气就消了，把所有的时间都用来努力工作。"

孙子问道："阿公！您年老了，又变成最富有的人，为什么还要绕着房子和土地跑呢？"爱地巴笑着说："我现在还是会生气，生气时就绕着房子和土地跑3圈，边跑边想自己的房子这么大，土地这么多，又何必和人计较呢？一想到这里，气就消了。"

忍者才能冷静地面对现实，经常生气的人才是逃避现实的懦夫。

心态启示

> 世上唯有莽撞使人失败误事，忍耐才是无法攻破的城堡。面对一些鸡毛蒜皮的小事，何必跟人斤斤计较呢？这样做，最终伤害的是你自己。生气，无疑是在拿别人的过错来惩罚自己！愚蠢的人才去生气，聪明人懂得去争气。

第七节 生气真的没有用

生气只是惩罚自己而已，所以，不要生气。

某法师有一天正要开门出来，不料，迎面撞进一位彪形大汉，说时迟，那时快，只听得"砰"的一声，刚巧撞在法师的眼镜上，眼镜戳青了他的眼皮，然后跌碎地上，镜片摔得粉碎。

此时那满脸络腮胡撞人的大汉，毫无愧疚之色，反而理直气壮道："谁叫你戴眼镜？"

法师此时心想世间法多由因缘合和而生，有善缘，亦有恶缘。解决恶缘之道，唯以慈悲待之，因此便以欢喜豁达的心胸来接受这事实。

胡子见法师以微笑慈容回报他的无理，颇觉讶异地问："喂！和尚，为什么不生气？"

法师借机劝诫说："为什么一定要生气呢？生气既不能使破碎的眼镜重新复原，又不能使脸上的淤青立刻消失，苦痛解除。再说，生气只会扩大事情，如果我生气，对您破口大骂，或是打斗动粗，必定造下更多的业障及恶缘，甚至伤害了身体，但并不能把事情化解。

"以世间因缘果报来看这件事情，我早一分钟，或迟一分钟开门，都可以避免相撞，而我们却撞在一起，或许这么一撞化解了我们过去的一段恶缘，因此，我不但不生气，反而还要感谢您助我消除业障哩！"

大胡子听后十分感动，他问了许多佛法及法师的称号，然后若有所悟地离去了。这件事过了很久，有一天，法师接到一封紧急挂号信，内中附有 5000 元，原来正是那胡子寄来的，信中写道：

"师父慈鉴：非常感谢您，那天撞了您，却救下 3 条活命。事情是这样的：我年轻时本来不知用功进取，毕业之后，在事业上高不成低不就，十分苦恼，常常自怨自艾；结婚之后，也不知善待妻子，常常拿妻子出气。

有一天，我外出上班，忘了拿公事包，中途又返家提取，没想到却发觉妻子与一名男子在家中谈笑，我非常生气，冲动地跑进厨房，拿了一把菜刀，想杀了他俩，然后自杀，以求了断。不料，那男子惊慌回头，脸上的眼镜摔落地下，一时，我忆起慈悲的师父曾说过一句'生气不能解决问题'，我冷静下来。我想：妻子越轨，我必须负全责。因为，过去我实在不该冷落她。

经过这件事，我悟到许多为人处世的道理，再也不会暴躁及莽撞了。目前，我们一家和睦相处，生活和和美美，工作上也更能得心应手了。

师父的劝诫，改变了我的人生观，一生受用不尽，为了感谢师父的恩德，我给您汇了 5000 元，2000 元赔偿师父的眼镜，3000 元为我，为妻子及那个男人做功德，我惭愧以往不知修福，反而造下不少恶业，还请求师父为我们祈福化解，消除业障……"

人与人之间相处，难免磕磕碰碰，切记"生气是不能解决问题的"。法师以欢喜心接受横逆，不但化解一段恶缘，并且点醒了莽撞汉，使他遇事能自我反省，冷静地处理了忽然遭遇的场面，避免了血案和自己的灾难，迎来了美好的生活。

生气只是惩罚自己而已，而宽容却能感化另一个麻木的灵魂，并能得到意想不到的善报。所以，要多以宽容之心对待一切不幸和遭遇，生活就会变得更加美好。

第八节 坏脾气是把伤人的匕首

脾气是匕首，伤人又伤己，但宽容能让你放下这把匕首。宽容的可贵不只在于对同类的认同，更在于对异类的尊重。

作家尤今有一篇好文章，说脾气是匕首。这样的匕首，每个人都有一把。修养好的人，让匕首深藏不露，非万不得已，绝不亮出它。然而，涵养不到家者，却动辄以匕首作为保护自己尊严的武器——不论大事小事，只要不合乎他的心意，便大发雷霆，以那把无形的匕首来伤人，对下属如此，对家人如此，对朋友也如此，一视同仁。

把别人刺得遍体鳞伤，他还理直气壮地说道："发脾气对我有如放爆竹，噼噼啪啪地放完了，便没事了。"没事的，是他自己。别人呢，别人的感受怎么样，他可曾想过？脾气来时，理智便去，每句话都浸在刀光剑影里，寒气逼人。道行高的，也许懂得脱身之道，然而，一般人却只有呆呆木立，任匕首乱刺，痛苦万状地看着心脏淌血。

血流得多了，便偷偷地把自己所拥有的那一把匕首拿出来磨。悄悄地磨，狠狠地磨。磨匕首，也同时磨勇气。匕首越磨越利，勇气也越磨越强。终于，那一天来了。

惯用匕首的那个人，又以他的匕首在这里那里乱刺。伺机报复的这个人呢，静静地抿着嘴，不动声色地将那把磨得极锋利的匕首取了出来，对准对方的心口，猛猛地丢过去，"嗖"的一声，匕首直插要害。

他应声倒地的那一刹那，才恍然大悟："哎哟，别人身上原来也是有匕首的！"所以说呀，出匕首时，能不三思否？

心态启示

> 脾气是匕首，伤人又伤己，但宽容能让你放下这把匕首，宽容的可贵不只在于对同类的认同，更在于对异类的尊重。

第九节　宽容的力量大过大声的叫嚷

宽容，有时能起到意想不到的作用。尤其是对待一个不被人理解的人时。

肯特·基恩是英国牛津大学的著名心理教授。他的学术成果曾多次获得过国际大奖。2001 年 9 月，他应邀到我国一所少年管教所演讲，讲了下面一段话：

小时候，我是个捣蛋、不爱学习又极爱报复的孩子。无论在家里还是在学校，父母和老师、兄弟和同学都极其厌恶我，然而，在心里我渴望着大家的关爱，就像人们渴望上帝的福泽一样。我一个人独处的时候常常默默祈祷：上帝啊！给我善良、给我宽厚、给我聪明吧，我也想如卡尔列一样成为同学们的榜样。可是，上帝正患耳疾，我的祈祷没有一句应验。我依然是个令人生厌的坏孩子，甚至因为我，没有老师愿意带我们这个班。

三年级的第一个学期，学校里来了一位新老师，她就是年轻的玛利亚小姐。玛利亚小姐刚一站到讲台上，整个班里都沸腾了，她太漂亮啦！我带头吹口哨、飞吻，往空中扔书本，好多男生跟我学，我们的吵闹声几乎要把房顶掀开。

玛利亚小姐没有像其他老师那样大声叫嚷："安静！安静!"她始终面带微笑地望着我们。奇怪，这样我反而感到自己很无聊，于是，我打了一个手势，大家立即停止了胡闹。

玛利亚小姐开始自我介绍，当她转身想把自己的名字写到黑板上时，才发现讲桌上没有粉笔，我注意到她的眉头皱了一下，很快又舒展了。心想，糟了，她肯定识破了我们的把戏。但是，玛利亚小姐却转过身来问："谁愿意替老师去拿盒粉笔?"

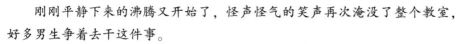

刚刚平静下来的沸腾又开始了，怪声怪气的笑声再次淹没了整个教室，好多男生争着去干这件事。

玛利亚小姐请大家不要争，她会挑个最合适的人选。玛利亚走下讲台，仔细查看了每一个人，最后她说："基恩，你去吧。"

我说："为什么是我？"

"因为我看得出你热情、灵活又具号召力，我相信你会把这事情做得很好。"

我热情？我灵活？我具有号召力？我竟然有这么多优点？玛利亚一眼就看出了我的优点！要知道，在此之前从未有人说过我哪怕一点点的好处，甚至我自己也认为我是个被上帝抛弃的孩子。

我很快取回一盒粉笔，因为它就藏在教室后面的草丛里。当我正要把粉笔递给玛利亚小姐时，我发现我的手指甲缝里存满了污垢，衬衣袖口开了线，裤腿上溅满了泥点，更糟糕的是我 5 个脚趾全从破了口的鞋子里露出了头。

我很不好意思，可玛利亚小姐一点也不在意这些，她接粉笔的时候给了我一个天使般的微笑。那一刻，我认定玛利亚就是上帝派来的天使。

从此，我决定做一个上进、体面的人，因为我知道天使正在注视着我。

心态启示

> 是的，一个微笑，一份信任，一点宽容的力量比大声的叫嚷更强大，它们能让那些被放逐的心重新振奋，在人们的和蔼与善意中重新审视自己、审视人心，从自暴自弃的牢笼中挣脱出来，获得新生。

第十节　原谅生活是为了更好地生活

我们有我们的悲哀，生活有生活的难处，应当学会原谅生活。

别跟自己过不去，也别跟生活过不去。每个人都没理由不滋润、不快活，关键是我们选择什么样的角度看生活与看自己。我们有我们的悲哀，生活有生活的难处，应当学会原谅生活。

"人有悲欢离合，月有阴晴圆缺，此事古难全。"（宋·苏轼《水调歌头》）古人有古人的悲哀，可古人很看得开，他把人世间的悲欢离合比作月的阴晴圆缺，一切全出于自然，其中有永恒不变的真理。它像一只无形的手在那里翻云覆雨，演绎着多色多味的世界。今人也有今人的苦恼，因为"此事古难全"。

　　苦恼和悲哀常常引起人们对生活的抱怨，哀叹自己的命运，抱怨生活的不公。我见过几位"麻将专家"，是真正意义上的赌徒，他们无限沉溺于这种游戏之中，自然应该受到道德谴责。可是人生又是什么？从某种意义上说，难道不也是一场赌局吗？用你的青春去赌事业，用你的痛苦去赌欢乐，用你的爱去赌别人的爱。

　　有沮丧失落的时候，我们对一切感到乏味，生活的天空阴云密布，看什么都不顺眼，像 T 恤衫上印着的：别理我，烦着呢！生活中有很多时候令我们心情不好。面对高考落榜，面对失恋，面对解释不清的误会，我们的确不易很快地超脱。

　　但是人都有逆反心理，更多的时候是"多云转晴"，忧郁被生气勃勃的憧憬所取代。烦些什么？你的敌人就是你自己，战胜不了自己，没法不失败，想不开、钻死胡同，全是自己所为。

　　沮丧的时候，退归你生活的角落，去充电、打气。不妨选些愉快的歌曲听听，或是喜剧和幽默小品看看，哈哈一笑，心情就会好起来。或是去 K 厅高歌一通，把内心的郁闷发泄出来，比如大声嚎叫："我站在冽冽风中，恨不能荡尽绵绵心痛；看苍天，四方云动，剑在手，问谁是天下英雄……"（《霸王别姬》歌词）

　　渐渐地排遣了沮丧，焕发了新的振奋激情，环视四周，发现一切正常，你的消沉、低落、怨愤没有任何意义，既然如此，何不让自己回归正常？凭什么总跟自己过不去呢?！试试看，每天吃一颗糖，然后告诉自己——今天的日子，果然是甜的！

　　有时候，我们要对自己残忍点，不必过分纵容自己的哀怜，"不识庐山真面目，只缘身在此山中。"走出去或登到顶上去，你会看到另一番景象："日照香炉生紫烟，遥看瀑布挂前川，飞流直下三千尺，疑是银河落九天。"（李白《望庐山瀑布》）

　　我们看清了自己，再来看生活，也许多了几分宽容在里面，生活本身并不是可以实现所有幻想的万花筒，生活和我们是相互选择的，不该过分计较生活的得失，生活本来就没有承诺过什么。它所给予的，并不总是你应当得到的，而你所能取得的，是凭你不懈的真诚和执著所能得到的。

人类以热爱生命为目的，人类中却有另一部分人以猎取生命为职业。一位德国作家兼心理医生维克多·弗兰克，回忆自己住纳粹集中营的生活时说："人所拥有的任何东西，都可以被剥夺，唯独人性最后的自由不能被剥夺。正是这种不可剥夺的精神自由，使得生命充满意义且有目的。那一刻我所身受的一切苦难，从遥远的科学立场看来，全都变得客观起来。我就用这种办法把自己超越。在困厄的处境，我把所有的痛苦与煎熬当成前尘往事，并加以观察，这样一来，我自己以及我所受的苦难全变成我手上一项有趣的心理学研究题目了。"

这种方式值得借鉴。当我们凭窗而坐，静观一本关于战争或其他内容的书时，我们有什么理由不快活、不滋润呢？

原谅生活是一种积极有效的方式。原谅生活，并不是说可以淡漠所有的不公，不是为了超脱凡世的恩怨，而是要正视生活的全面，以缓解和慰藉深深的不幸。相信生活，才能原谅生活。如果你的桅杆折断，不论是你自己的错，还是生活的错，都不该再悲哀地守着荡舟的孤独。

请重新支起新的桅杆！

心态启示

原谅生活，是为了更好的生活。

第十二章 幸福在当下，快乐每一天

也许是人类固有的劣根性，人们总是要在失去了什么东西之后才觉得那项东西是可贵的。学会品味幸福，懂得珍惜已经拥有的，才能更好地感受幸福和快乐。

第一节 心里有乐自然乐

佛说："能吃能睡能拉屎，那就是幸福。"其实，人活得幸福与不幸福，心态是非常重要的。心里有乐自然乐，把快乐装在心里，快乐就伴随着你。

有一匹可敬的老马，带着它的小马驹来到一片丰美的草地上。那里有潺潺的流水，有芬芳的花卉，还有诱人的绿阴。

小马驹根本不把这种幸福的生活放在眼里。它每天在鲜花遍地的原野上毫无目的地东奔西跑，动不动就跳到河里洗澡，饿不饿都滥啃三叶草，无聊了就睡大觉。

一天，养得又懒又胖的小马驹对它父亲说："近来我的身体不舒服，都是这片草地不卫生，伤害了我：三叶草没有香味；水中带泥沙；空气刺激我的肺。一句话，除非我们离开这儿，不然，我就要死了。"

"亲爱的儿子，既然这关系到你的生命，"他的父亲答道，"我们马上就离开这儿。"

马驹听说去旅行，兴高采烈地嘶叫着，而老马安祥地在前面领路。它带着小马驹爬上陡峭而荒芜的高山，那山上没有牧草，就连可以充饥的任何东西也没有。天黑了，父子俩便只好空着肚子躺下睡觉。现在，小马驹不再乱跑了。又过了两天，它几乎饿得前腿拖不动后腿了。

老马心想，现在给它的教训已经足够了，就把儿子从一条它不认识的路，又把它带回到原来的草地。小马驹一发现嫩草，就迫不及待地猛吃起来。

"啊！多么绝妙的美味啊！多么好的绿草呀！"它喊起来，"父亲，我们不要再往前找了，也别回老家去了。我们就永远留在这个可爱的地方吧，哪个地方能跟这里相比呀！"

它这样说着，天亮了。马驹认出了这个地方，原来，这就是几天前它们离开的那片草地。它耷拉下了耳朵，显得非常羞愧。

心态启示

> 每个人都希望自己幸福。佛说："能吃能睡能拉屎，那就是幸福。"其实，人活得幸福与不幸福，心态是非常重要的。心里有乐自然乐，心里是苦的，即使生活再甜美，人照样也会有感到不如意的地方。

第二节　现在就把握幸福

人就是那么奇怪，在得不到的时候，总是垂涎三尺；每每要到失去，才开始后悔，才懂得珍惜。

有个人，他生前善良且乐于助人，死后升入天堂，做了天使。他成为天使后，仍时常到凡间帮助他人，希望感受到幸福的滋味。

一日，他遇到一位农夫，农夫的表情看上去很苦恼，他向天使诉苦说："我家的耕牛刚死了，没它帮忙，那我怎么下田从事耕种呢？"

于是，天使赐给他一头健壮的耕牛，农夫很高兴。天使在他身上感受到幸福的味道。

又一日，天使遇到一个神情沮丧的男人，原来遇到骗子，身上的钱全被骗光了，正愁没有路费怎么回家呢！这次，天使二话没说就给足了他回家的银两。男人很高兴，天使在他的身上也感受了幸福的滋味。

又一日，天使遇到一位年轻、英俊、富有、才华横溢的诗人，据他说，他家里还有一位美貌又温柔的妻子。但看起来，这位诗人的生活过得并不快乐。天使便问他："你不快乐吗？我能帮你吗？"

诗人对天使说："我什么都有，只欠一样东西，你能够给我吗？"

天使回答说："可以，你要什么我都可以给你。"

于是，诗人直直地望着天使说："我要的是幸福。"

这句话把天使难住了，天使想了一想，然后说："我明白了。"

天使把诗人拥有的一切都拿走了：他拿走了诗人的才华，毁去他的容貌，夺去他的财产和他妻子的生命。

做完这些事情后，天使便离去了。

一个月后，天使又来到诗人的身边。当时，诗人已经饿得半死，衣衫褴褛地躺在地上挣扎。

于是，天使又把诗人以前拥有的一切重新还给了他，然后，就离去了。

半个月后，天使再去看那诗人。这次，诗人搂着妻子，不住地向天使道谢，因为，他终于感到自己得到幸福了。

心态启示

其实，世间最珍贵的，不是得不到的，也不是已失去的，而是现在就能把握的幸福：肚子饿的时候，有一碗热饭就能感到幸福；累得半死的时候，若能扑在软绵绵的床上，就是幸福；眼泪流得稀里哗啦的时候，能有人在旁边心疼地劝慰，同样是幸福。

第三节　幸福是饥渴时的一杯清水

每个人都想要拥有幸福，也每天都在追求幸福。为此，多少人每天急匆匆地赶路，拼命地努力，然而，他们却疏忽了路边也有美景，身边就是幸福。

一个年轻的小伙子急匆匆地走在路上。一个人拦住他，问道："小伙子，你这么匆匆忙忙地，去干什么呀？"

小伙子头也不回地答道："我要去寻求幸福！"

20年转瞬即逝。当年的小伙子也已成为了中年人，可他依旧在路上行色匆匆。那人又遇到他，问他去哪里。

"我要去寻求幸福！"中年人同样回答道。

这样，又过了20年，昔日的中年人已经白发苍苍，但他仍是踽踽独行。那个人又问他："老头子，你还在寻找你的幸福吗？"

此时的老头子已没有回答的力气了，只是艰难地点了点头。

在他点头的瞬间，他猛然惊醒，两行老泪不禁潸然而下。原来，面前的这个人，正是幸福之神。而这时，他为了寻找幸福，已经付出了一生的代价。实际上，幸福一直就在自己的身边，而他却一次次地错过。

心态启示

> 其实，幸福与智商无关，与穷富无关，与美丑无关，幸福就是口渴时的一杯清水。困倦时的一个枕头，寒冷时的一抹阳光，饥饿时的一碗米饭，成功时流淌下的激动的泪水……

第四节　知足是一笔思想的财富

谁不知足，谁就不会幸福，即便他是世界的主宰也不例外。

一位智者前去拜访他的朋友。这位朋友住着一栋非常豪华的别墅，称得上是附近城乡最美丽的房子，但看上去，他却总是显得闷闷不乐。

智者问他："你怎么了，什么事让你如此不快乐？"

朋友说："难道你没有看到对面刚盖起来的新房子吗？"

智者往窗外一看，果然看到了一栋巨大的欧式别墅。

朋友说："自从对面盖了这栋豪宅，我就失去了所有的快乐。你不能想象我的人生有多么悲惨。我从清晨起床到夜晚入睡，都会看到那栋房子，甚至做梦也会梦到，我经常会从噩梦中醒来！"

智者说："这就奇怪了，你依然住在同一栋房子里，而你从前是那么快乐，你的快乐和悲惨与你的邻居有什么关系呢？如果你现在被邻居的豪宅折磨，你的邻居也可能因为你从前的大房子忍受了长久的折磨，他把房子盖得比你的豪华，正是对你的报复呀！"

他们正交谈的时候，对门的邻居来访，邀请他们共进晚餐。智者立刻就答应了。但朋友说："噢！不行，我晚上还有一个约会，我太忙了！"

等邻居走了，智者就问朋友："你一点也不忙呀！难道你晚上有约会吗？"

朋友说："不，我晚上没有约会，我也不忙，但是从今天起我就要忙起来了。在我还没有盖好一栋比他的房子更大的房子前，我不可能走进他的房子，你等着瞧，等我盖好一栋更大的房子后，我会走进他家，邀请他来和我共进晚餐。"

心态启示

> 知足是一笔思想的财富。许多时候，知足地享受生活，其实何尝不是在品尝幸福与成功的滋味。能看到每件事情的最好一面，并养成一种习惯，这真是千金不换的珍宝。

第五节　幸福的一道道风景

幸福在哪里？带着这样的问题，每个人都在努力寻找答案。其实，幸福从不离弃一个心存感激，胸怀爱心之人。只不过，很多时候，我们身处幸福的山中，在远近高低中看到的总是别人的幸福风景，往往没有用心去感受自己所拥有的幸福天地。

有一位少妇，回家与母亲倾诉，说自己的婚姻很糟糕，丈夫既没有太多钱，也没有令人美慕的职业，生活总是周而复始、单调无味。母亲笑着问："你们在一起的时间多吗？"

女儿说："太多了。"

母亲说："当年，你父亲上战场，我每日期盼的，是他能早日从战场上凯旋，与他整日厮守，可惜——他在一次战斗中牺牲了，再也没有回来，我真美慕你们能够朝夕相处。"

母亲沧桑的老泪一滴滴掉下来，渐渐地，女儿仿佛明白了什么。

一群男青年，在餐桌上谈起自己的老婆，说对方总是管束得太严，几乎失去了自由，边说边狂饮如牛，扬言回家要和老婆怎么怎么斗争，颇有大丈夫的凛然正气。

邻桌的一位老者默默地听了，起身向他敬酒，问："你们的夫人都是本分人吗？"

男青年们点点头。

老者叹了一口气说："我爱人当年对我也是管得太死，我愤然离婚，以至于她后来抑郁而终。如果有机会，我多希望能当面向她道一歉，请求她时时刻刻地看管着我，小伙子，好好珍惜缘分呀！"

男青年们望着神色黯然的老者，沉默不语，若有所悟。

一位干部，因为人员分流，从领导岗位上退了下来，一时间萎靡不振，判若两人。妻子劝慰他："仕途难道是人生的最大追求吗？你至少还有学历和专业技术呀，你还可以重新开始你的新事业呀。你一直是个善待生活的人，我们并不会因为你做不做领导而对你另眼相待，在我的眼里，你还是我的丈夫，还是孩子的父亲，我告诉你亲爱的，我现在甚至比以前更加爱你。"

丈夫望着妻子，久久不语，眼里闪烁着晶莹的光泽。

一位盲人，在剧院欣赏一场音乐会，交响乐时而凝重低缓，时而明快热烈，时而浓云蔽日，时而云开雾散。盲人惊喜地拉着身边的人说："我看见了，看见了山川，看见了花草，看见了光明的世界和七彩的人生……"

一个听力失聪的孩子，在画展上欣赏着幅幅作品，他仔细地看着，目不转睛，神情专注，忽然转身，微笑着大声地对旁边的父母说："我听到了，听到了小鸟在歌唱，听到了瀑布的轰鸣，还有风儿呼啸的声音……"

一个病人，医生郑重地告诉他，手术成功，化验结果出来了，从他腹腔内摘除的肿瘤只是一般的良性肿瘤，经过一段时间的疗养便可康复出院，并不会危及到生命。他顿时满面春风，双目有神，紧紧地握着医生的手，激动地说："谢谢，谢谢，是你们给了我第二次生命……"

心态启示

幸福就在每一个人的心灵里，只要你用心去体会，你就能感觉到。

第六节　三根树枝的幸福

幸福直接与我们自己的心灵有关，而与世俗一切的物质都没有什么必然联系。不要以为幸福直接等于金钱，幸福是有灵性的东西，是需要与微妙对应的东西。

一个年轻男人经历了一场极大的痛苦后，想要自杀。入夜后，他极度哀伤地带了条绳子走到屋后的树林里，爬上树，想上吊。

当他把一根绳子绑在树枝上后，树枝说话了："亲爱的年轻人哪！别在我身上吊死吧，有一对小鸟正在我的枝头上筑巢呢！我很高兴能保护他们。如果你在我身上上吊，我就会折断，鸟巢也就保不住了。请你谅解我，并且也可怜那对小鸟吧！"

年轻人听了，体谅了它的爱心，就放弃了这根树枝，爬到了更高的另一根树枝上。

可是当他把绳子绑上去时，这树枝也说话了："年轻人，请你谅解我吧！春天就要到了，不久之后我就要开花，成群的蜜蜂会飞来嬉戏、采蜜，这带给我极大的快乐。如果你在我身上上吊，我就会被你折弯到地上，花朵就会被摧残而死，那么，蜜蜂们就会非常地失望。"

年轻人听了，只好默默地攀上了第三根树枝。

"原谅我吧！"他还没绑绳子呢！树枝就开口了，"年轻的朋友啊！我把自己远远地伸到路上，目的就是要使疲惫的旅行者在我的下面得到一些阴凉，这带给我很大的快乐。如果你吊在我身上，会使我折断，以后我就再也不可能享有这种快乐了。"

这时，年轻的厌世者沉思了一会儿……

他问自己："我为什么要自杀？只因为我承受了痛苦吗？难道我不能学

学这些树枝，用我的生命去帮助别人，为别人服务吗?"

一念之间，他把焦点由自己身上转向了无数他所熟识的需要他的人身上。他从这三根对他说话的树枝上各折下了一小段细枝，爬下了树，快快乐乐地离开了。

他一直保存着这三根小树枝，也终身履行这三根树枝的精神，再也没有动过自杀的念头。

人如果只把目光放在自己身上，只在意自己受了什么伤害、委屈，承受了多少重担、压力，结果，只有让人生活愈来愈缺乏活力，意志愈来愈萎靡不振。

心态启示

> 将目光由自身转移出去，注意到别人的需求，以服务别人为乐，如此，眼界就会日渐宽广，生活就会日益丰富，生命自然会日益蓬勃。

第七节　幸福常在暗淡中降临

幸福是一种感觉，只要你以正确的态度去感觉它，你就能得到幸福。

在一条林间小路上，一个商人和一个樵夫经常相遇。商人拥有长长的驼队，一箱箱的绫罗绸缎都是商人的财富。樵夫每天上山砍柴，除了一篓篓木柴外，斧头和绳子便是他最亲密的伙伴。然而，商人整天愁眉苦脸，唉声叹气，他很烦恼；樵夫每天歌声不断，笑声朗朗，他很幸福。这天，商人又与樵夫相遇，他们同坐在一块大石头上休息。

"唉!"商人叹道，"我真不明白，小伙子，你这么穷，怎么那么快乐呢? 你是否有一个无价之宝藏而不露呢?"

"哈哈!"樵夫笑道，"我也不明白，你拥有那么多财富，怎么整天愁眉苦脸呢?"

"唉!"商人说，"虽然我拥有的财富超过百万，然而，我家里的妻儿老小仍然为钱财吵得不可开交。她们整天想的就是如何比其他人拥有的更多，却没有一个人想到为我付出哪怕一丁点儿真情实意。我虽家财万贯，可是我时时感觉到我是个一无所有的穷光蛋，所以我愁眉不展。"

"你家里一定有一位贤惠的妻子？"商人问。

"没有。我是个快乐的光棍汉。"樵夫道。

"那么，你一定有一个不久就可迎娶进门的未婚妻。"商人肯定地说。

"没有，我从来没有过什么未婚妻。"

"那么，你一定有一件秘而不宣的宝物？"商人问。

"假如你要称它为宝物的话，也可以，那是一位美丽的姑娘送给我的。"樵夫说。

"哦？"商人惊奇了，"是一件什么样永恒的宝物，令你如此幸福呢？一件金光闪闪的定情物？一个甜蜜的香吻？还是……"

"这个美丽的姑娘从来没有同我说过一句话，每次在村里与我相遇，她总是低头匆匆而过。可是，就在3年前的一个下午，她坐上马车，就要随同她的姑妈走了，她要到一个遥远而陌生的城市去生活了。就在她临走之前，上车的时候，她……"

樵夫沉浸在幸福之中了。

"她怎么样？"商人急切地问。

"她向我投来了含情脉脉的一瞥！"樵夫继续道，"这一瞬间的目光，对于我来说，已经足够我幸福一生了。我已经把它珍藏在我的心中，它成了我瞬间的永恒。"

商人看着幸福无比的樵夫，心中说道："真正的富翁应该是他，我才是个名副其实的穷光蛋。"

心态启示

> 幸福不喜欢喧嚣浮华，常常在暗淡中降临。贫困中相濡以沫的一块糕饼，患难中心心相印的一个眼神，父亲一次粗糙的抚摸，女友一个温馨的字条……这都是千金难买的幸福啊！像一粒粒缀在旧绸子上的红宝石，在凄凉中愈发熠熠夺目。

第八节　希望就是"魔法戒指"

只有希望在，并努力去追求，幸福就会到来。

从前，有一个农夫，他每天不辞辛劳地工作，但仍然非常贫穷。一天，他来到一片离家很远的树林，碰到一位老妇人。

老妇人对他说："我知道你每天都很辛苦，但是得到的却很少。我送你一枚魔法戒指吧，它能够使你拥有财富。当你说出你想要得到什么，同时转动你手指上的戒指时，你将会立刻得到你所希望的东西。但是，这枚戒指只能实现你一个愿望，所以，在许下你的愿望之前你要考虑清楚。"

农夫接过戒指，激动地踏上了回家的路。晚上，农夫路经一座大城市时，遇到了一个商人，他拿出魔法戒指，向商人讲述了这段美妙的经历。

商人邀请农夫晚上住在他家。深夜，商人来到熟睡的农夫身边，小心翼翼地用一枚形状相同的戒指，换走了农夫手指上的魔法戒指。农夫早上醒来，向商人道了谢，又继续赶路了。

商人急不可待地紧闭房门，一边说着："我要拥有1亿两黄金！"一边转动着戒指。

奇迹出现了，无数的金子像下雨一样落了下来，商人还没有来得及跑，就被砸死了。

农夫回到家，把魔法戒指的故事讲给妻子听，并让她妥善保管好这枚戒指。妻子按捺不住激动，对丈夫说："试试看，让它带给我们大片的土地吧。"

"必须认真对待我们的愿望，不要忘记，这戒指只能实现我们一个愿望。"农夫解释着，"最好让我们再苦干一年，我们会拥有更多的良田。"

从此，他们竭尽全力地工作，获得了足够的金钱，并且买了他们所希望拥有的土地。

农夫的妻子想要一头牛和一匹马。农夫说："亲爱的，我们何不再继续苦干一年？"

于是，一年后，他们又买回了牛和马。

"我们是最快乐的人。"农夫说，"不要再谈什么魔法戒指了，我们那么年轻，拥有坚实的双手。等到年老的时候，我们再去想那枚戒指吧。"

40年后，农夫和他的妻子已经变老了，他们的头发变得和雪一样白。他们已经拥有了自己希望获得的一切。那枚"魔法戒指"依旧完好地保存，实际上，没有那枚戒指，他们仍然得到了属于自己的快乐。

心态启示

> 希望就是人的"魔法戒指"。只要拥有希望，为自己的希望不停地劳作，你就能得到你想得到的幸福与快乐。

第九节　别在回忆中患得患失

与其沉湎于过去的回忆中患得患失，不如思考一下怎样做才能改变生活。

有两个人，他们有着同样的亚洲血统，后来都被来自欧洲的外交官家庭收养，都上过当地有名的学校。但他们之间却存在着不小的差别：一位是40岁出头的成功商人，实际上已经可以完全无忧地享受人生了；另一位是一个学校教师，收入很低，并一直觉得自己很失败。

有一天，他们相遇，在一起共进晚餐。也许因为都有着周游列国的经历，他们开始谈论各自在异国他乡的逸闻趣事。随着话题的一步步展开，那位学校教师开始越来越多地讲述自己的不幸过去：他是个如何可怜的孤儿，又如何被欧洲来的父母领养到遥远的荷兰，他一直觉得自己是如何的孤独、可怜、无助……

刚开始，听者还表现出同情的态度，但随着他的怨气越来越重，那位商人变得越来越不耐烦，终于忍不住在他面前把手一挥，制止了他的大倒苦水："够了，说完了没有！你一直讲自己是多么不幸，可你想过没有，当初如果你的养父母在成千上万的孤儿中挑了别人又会怎样？"

学校教师直视着商人的眼睛说："你不知道，我一直感到不开心的根源在于……"然后开始描述自己所遇到的不公正待遇。

最后，商人说："我不敢相信现在你还会这么想！我记得当我还是一个孤儿的时候，我无法忍受周围的世界，对周围的每一件事都感到憎恨，憎恨每一个人，就好像每一个人都与自己作对一样。我很伤心无奈，也很沮丧。我那时的想法就和你现在一样。我们都有足够的理由抱怨上帝待自己不公。"

他越说越激动："我劝你不要再这样对待自己了！想一想，你有多幸运，你遇到了一对好心的养父母，使你不必像真正的孤儿那样度过悲惨的一生，实际上你还接受了非常好的教育。所有这一切，和那成千上万的孤儿比起来，都说明你是一个幸运者！实际上，你负有帮助别人脱离贫困的责任，而不是陷在自怨自艾的泥潭里沉沦！我自己就是在摆脱了顾影自怜，意识到自己有多幸运后我才有可能获得现在的成功！"

那位教师听后深受触动。这还是第一次有人否定他的想法，毫不留情地打断他凄苦的回忆，而这一切回忆在以往曾是多么容易引起别人的同情……

心态启示

> 生活中不管发生什么事，一切都会成为过去的。在万事顺遂时，美好会变成过去；在悲伤失望时，痛苦会成为过去，不管得到了什么或是失去了什么，一切也都会成为过去。

第十节 品味幸福，懂得珍惜

学会品味幸福，懂得珍惜，才能更好地感受幸福。

有一个人登门拜访位大师，向他求教，希望大师能给自己解惑。

他说："大师，我现在跟父母、太太、五个儿子以及几个亲戚住在一块。他们每天都互相讥笑、谩骂、吵来吵去的实在叫人受不了，还有这个家庭到处都脏兮兮、乱糟糟的，简直就不是人住的地儿，我真的快要发疯了，我实在好想离家出走，所以，我今天特地前来向大师求教，希望大师能给我指点迷津，以早日脱离这个苦海。"

大师想了想，问道："你家里有没有养牛、羊、鸡、猪和狗等动物？"

那人回答说："有。"

大师说："你回去以后把这些动物全部都赶进屋里，并且和他们一起生活。过一个礼拜再回来找我。"

那人起先还很怀疑，但是看到大师如此认真也就没有多问。回去以后，他照着大师的话做，把所有的动物都赶到家里住。

一个礼拜以后，他又来拜访大师，并不住地抱怨说："哎，大师啊，我现在的处境越来越糟了，家里也比以前更乱、更脏、更吵了，你说我要怎么办呢？"

大师听了笑一笑，点头说道："好，好，你现在回去把所有的动物都迁到外面去，三天以后再来找我。"

三天以后，那位仁兄带着愉快的心情来感谢大师，他说："大师，实在是太好了，我们现在的生活比以前好得太多了，又干净、又温馨、又宁静，全家乐融融的，就像天堂一样。"

心态启示

也许是人类固有的劣根性，人们总是要在失去了什么东西之后才觉得那项东西是可贵的。

第十一节　幸福是有灵性的

幸福直接与我们自己的心灵有关，而与世俗一切的物质都没有什么必然联系。

从前，在迪河河畔住着一个磨坊主杰克，他是英格兰最快活的人。杰克从早到晚总是忙忙碌碌，同时像云雀一样快活地唱歌。杰克是那样的乐观，以致"感染"了周围的人，他们也都乐观起来了。这一带的人都喜欢谈论杰克愉快的生活方式。有一天，国王也听说了杰克，于是说："我要去找这个奇怪的磨坊主谈谈，也许他会告诉我怎样才能快乐。"

他一迈进磨坊，就听到磨坊主杰克在唱："我不羡慕任何人，不羡慕，

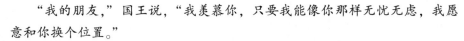

因为我要多快活就有多快活。"

"我的朋友，"国王说，"我羡慕你，只要我能像你那样无忧无虑，我愿意和你换个位置。"

杰克笑了，给国王鞠了一躬："我肯定不和您调换位置，国王陛下。"

"那么，告诉我，"国王说，"是什么使你在这个满是灰尘的磨坊里如此高兴、快活呢？而我，身为国王，却每天都忧心忡忡，烦闷苦恼。"

杰克又笑了，说道："我不知道您为什么忧郁，但是我能简单地告诉您，我为什么高兴。我自食其力，我爱我的妻子和孩子，我爱我的朋友们，他们也爱我，我不欠任何人的钱，我为什么不应当快活？这里有这条小河，它每天使我的磨坊运转，磨坊把谷物磨成面，养育我的妻子、孩子和我。"

"不要再说了。"国王说，"我羡慕你，你这顶落满灰尘的帽子比我这顶金冠更值钱。你的磨坊给你带来的，要比我的王国给我带来的还多。如果有更多的人像你这样，这个世界该是多么美好啊！"

心态启示

> 不要以为幸福直接等于金钱，不要以为幸福直接等于情爱，不要以为幸福直接就是香车宝马、功名利禄，幸福是另外的东西，是有灵性的东西，是需要与微妙对应的东西。